Die Grundlagen für den Vergleich von Wärmeschutzangeboten

Springer-Verlag Berlin Heidelberg GmbH
1928

ISBN 978-3-642-90150-8   ISBN 978-3-642-92007-3 (eBook)
DOI 10.1007/978-3-642-92007-3

M. DuMont Schauberg, Köln. 7604

Vorwort

Trotzdem in den letzten Jahren vereinfachte und praktisch brauchbare Berechnungsweisen für die wichtigsten physikalischen Vorgänge der Wärmeschutztechnik nicht nur gefunden, sondern auch zu weitverbreiteter Kenntnis gelangt sind, herrscht noch recht häufig beim Einholen und Vergleichen von Angeboten eine gewisse Unsicherheit, die sich in unzweckmäßigen Forderungen und einer schematischen, allzu oberflächlichen Art des Vergleichens auswirkt. Häufig genug werden ohne zwingende Veranlassung irgendwelche Höchstwerte für Wärmeverluste, Oberflächentemperaturen oder Isolierstärken vorgeschrieben, sodaß für das jeweils angebotene Verfahren nicht die logisch begründete wirtschaftlichste Isolierstärke angewandt werden kann. In anderen Fällen wird allein der Preis der Isolierung als Entscheidungsmerkmal gewertet, was ebenso zu unvorteilhafter Wahl führen kann. Tritt bereits für die richtige Ausarbeitung von Anfragen die sachkundige Vorschrift der Garantiegrößen in den Vordergrund, so interessiert noch mehr für den Vergleich der eingegangenen Angebote ganz allgemein der Einfluß, den die einzelnen vorgeschriebenen oder zugesicherten Daten auf Wert und Wirtschaftlichkeit einer Isolierung ausüben.

Ebenso erschöpfend wie die Garantiefrage von uns in der Abhandlung „Die technisch-rechtliche Bedeutung von Garantien auf dem Gebiete des Wärme- und Kälteschutzes" behandelt worden ist, soll die vorliegende Arbeit der

Klärung aller jener Fragen gewidmet sein, deren genauere
Kenntnis zur Durchführung eines einwandfreien Vergleichs
verschiedener Isolierungen für das gleiche Objekt unum-
gänglich nötig ist.

Erst durch eingehende Betrachtung, die am anschaulichsten durch wechselnde Veränderung aller Funktions-
größen zweier miteinander zu vergleichender Wärmeschutzangebote gelingt, ist es möglich, das Wesentliche vom Un-
wesentlichen zu trennen und wirtschaftlich sowie wärme-
schutztechnisch richtig zu vergleichen. Wir hoffen, daß
„Die Grundlagen für den Vergleich von Wärmeschutzangeboten“ hierbei ein zuverlässiger Ratgeber
sein werden.

Köln, April 1928.

Deutsche Prioform Werke
Bohlander & Co., G.m.b.H.

Inhaltsverzeichnis

Einleitung

Die Ausschreibung und Vergebung von Wärmeschutzanlagen in der Industrie hat im allgemeinen auf der Grundlage einer vergleichenden Vorausberechnung des erzielbaren Wärmeschutzeffekts und einer Gegenüberstellung der erforderlich werdenden Ausgaben zu erfolgen. Diese vorbereitenden Arbeiten gliedern sich in drei Teile:

1. Zusammenstellung aller für die Wahl und Bemessung des Wärmeschutzes erforderlichen technischen Unterlagen.
   a) Genaue Beschreibung des zu schützenden Objekts, sowie seiner konstruktiven Anordnung und Lage.
   b) Angaben über Art und physikalische Eigenschaften des Wärmeträgers.
   c) Angaben über den Zweck des Wärmeschutzes und den notwendigen wärmeschutztechnischen Effekt.

2. Angebot der Wärmeschutzanlage.
   a) Angabe der garantierten Materialkonstanten.
   b) Angabe der Einheitspreise für den Wärmeschutz bei den in Betracht kommenden Konstruktionsstärken.
   c) Vorschlag für die fertige, dem ausgeschriebenen Objekt angepaßte Wärmeschutzanlage mit Angabe der aufzuwendenden Gesamtkosten.

3. Vergleich der eingehenden Angebote.

Schon bei der Ausschreibung von Wärmeschutzanlagen muß also eine Reihe grundlegender Gesichtspunkte berücksichtigt werden. Diese müssen einerseits der Art der zu erfüllenden Aufgabe Rechnung tragen, andererseits muß die Ausschreibung in eine Form gebracht werden, die, immer unter Einhaltung der genannten Gesichtspunkte, eine freie Entfaltung aller in der Wärmeschutztechnik erzielten Fortschritte nicht nur ermöglicht, sondern auch die aus diesen Fortschritten sich ergebenden betriebstechnischen Vorteile und wirtschaftlichen Ersparnisse bei dem für die Ausführung der Wärmeschutzanlage entscheidenden Vergleich möglichst vollkommen in Erscheinung treten läßt.

Durch richtige Wahl und Berücksichtigung aller für die Ausschreibung maßgebenden Bedingungen und Unterlagen wird erst eine einwandfreie Vergleichsbasis für die Beurteilung der eingeholten Angebote geschaffen.

Es soll Aufgabe der nachstehenden Ausführungen sein, die Vergleichsgrundlagen auf ihre betriebstechnische und wirtschaftliche Eignung zu prüfen; insbesondere sind die Abhängigkeiten der Vergleichsergebnisse von technischen und wirtschaftlichen Größen zu untersuchen. Schließlich sind noch diejenigen Faktoren hervorzuheben, die zwar nicht in die exakte Rechnung eingeführt werden können, die jedoch für eine alle Erfordernisse berücksichtigende Bewertung nicht übergangen werden sollten.

A. Wirtschaftliche Vergleichs-grundlagen

1. Die wirtschaftlichste Isolierstärke als Vergleichsgrundlage von Wärmeschutzangeboten.

Die Wirtschaftlichkeit einer Wärmeschutzanlage wird von ihrer technischen Leistung und den durch sie entstehenden Kosten bestimmt. Die technische Leistung zeigt sich in einer Verringerung der Wärmeverluste des nicht isolierten Zustands; je niedriger diese Betriebsverluste nach Aufbringen des Wärmeschutzes werden, um so höher ist die technische Leistung zu bewerten. Je geringer ferner die Anlagekosten des Wärmeschutzes sind, um so höher wird sein wirtschaftlicher Wert.

Es seien für den Fall einer zu isolierenden Rohrleitung:

s_1, s_2, s_3 usw. die Isolierstärken in mm,

Q_1, Q_2, Q_3 usw. die zugehörigen Wärmeverluste in kcal/m h °C,

K_1, K_2, K_3 usw. die entsprechenden Anlagekosten der Isolierung in RM./m,

h die jährliche Betriebszeit in h,

p der Wärmepreis in RM./10^6 kcal,

c die Amortisations- und Verzinsungsquote in %.

Dann sind:

$$\mathfrak{Q}\,(_{1,\,2,\,3}\text{ usw.}) = Q\,(_{1,\,2,\,3}\text{ usw.}) \cdot h \cdot p \cdot \frac{1}{10^6} = \text{die Jahres-}$$

kosten für Wärmeverluste in RM./m Jahr,

und

$$\mathfrak{K}\,(_{1,\ 2,\ 3}\ \text{usw.}) = K\,(_{1,\ 2,3}\ \text{usw.}) \cdot \frac{c}{100} = \text{die Jahreskosten für}$$

die Isolierung in RM./m Jahr.

Aus der Überlegung, daß die Wärmeverluste mit zunehmender Isolierstärke immer langsamer abnehmen, die Anlagekosten der Isolierung dagegen proportional oder gar schneller als die Isolierstärke ansteigen, ergibt sich für jeden einzelnen Fall eine charakteristische Isolierstärke, bei der die Summe der Jahreskosten für Wärmeverluste und der Jahreskosten für die Isolierung den kleinsten Betrag erreicht; diese Isolierstärke ist dann die wirtschaftlichste. Den Summenwert:

$$S = \mathfrak{Q} + \mathfrak{K} \text{ in RM./m Jahr}$$

kann man auch als Gesamtjahreskosten bezeichnen.

Für die Bemessung eines Wärmeschutzes nach wirtschaftlichen Gesichtspunkten ist demnach die wirtschaftlichste Isolierstärke maßgebend. Handelt es sich dagegen um den wirtschaftlichen Vergleich von zwei oder mehreren Isolierungen, so gibt nicht mehr die wirtschaftlichste Isolierstärke selbst den Ausschlag, sondern die bei dieser Isolierstärke noch vorhandenen Verluste, ausgedrückt durch die Gesamtjahreskosten. Man wird also unter zwei oder mehreren Isolierungen derjenigen den Vorzug geben, deren wirtschaftlichste Isolierstärke die geringsten Gesamtjahreskosten ergibt.

Die wirtschaftlichste Isolierstärke kann nach verschiedenen Methoden ermittelt werden. Das älteste von Gerbel[1]) gezeigte analytische Verfahren ist für die Praxis ungeeignet, da bei ihm die Kosten der Isolierung als Funktion des Volumens, und nicht, wie es in der Preisbil-

---

[1]) M. Gerbel: „Die wirtschaftlichste Stärke einer Isolierung." Verl. d. V.D.I., 1921.

dung der Praxis üblich ist, als Funktion der äußeren Oberfläche der Isolierung aufgefaßt sind. Gerbel hat aus diesem Grunde einen etwas umständlicheren, dafür aber übersichtlicheren graphischen Weg empfohlen. Die Ermittelung der Kurve der Gesamtjahreskosten S erfolgt dabei zeichnerisch, indem über den Isolierstärken s als Abszissen die zugehörigen Jahreskosten für Wärmeverluste $\mathfrak{Q}$ und für die Isolierung $\mathfrak{K}$ aufgetragen und addiert werden; das Minimum der Kurve S ergibt auf dem Schnittpunkt seiner Normalen mit der Abszisse die wirtschaftlichste Isolierstärke und auf der Ordinate die dazugehörigen Gesamtjahreskosten.

Von Cammerer[2]) stammt eine Zahlentafel zur Ermittelung der wirtschaftlichsten Isolierstärke; in neuerer Zeit hat ferner Borschke[3]) ein weiteres graphisches Verfahren gezeigt, daß bei bestimmten Verhältnissen geeignet ist, die rechnerische Arbeit wesentlich abzukürzen.

Für die folgenden Untersuchungen ist das Gerbelsche Verfahren verwendet worden, das anschaulicher ist als die beiden neueren Methoden, die vornehmlich für die Bedürfnisse der Praxis geeignet sind; außerdem hat es den Vorzug, daß man aus den Diagrammen außer der wirtschaftlichsten Isolierstärke auch die Jahreskosten für Wärmeverluste und für die Isolierung, sowie die Gesamtjahreskosten unmittelbar ablesen kann. Das Verfahren sei zunächst an einem Beispiel erläutert:

---

[2]) J. S. Cammerer: „Wirtschaftlichste Isolierstärke bei Wärme- und Kälteschutzanlagen und Wärmeabgabe isolierter Rohre bei unterbrochener Betriebsweise". Ind. Verl. v. Hernhaussen A.-G. Berlin, 1927.

[3]) E. Borschke: „Berechnung der wirtschaftlichsten Isolierdicken". Archiv für Wärmewirtschaft 1928, Heft 4, und Veröffentlichung aus dem Arbeitsgebiet der Deutschen Prioform Werke, Köln, Heft 5.

Es handle sich um die Isolierung einer Rohrleitung für überhitzten Dampf mit folgenden Werten:

Lichter Rohrdurchmesser 0,200 m,
Dampftemperatur 300 ^{0},
Dampfdruck 16 at,
Lufttemperatur 0 ^{0}, ruhend,
Wärmepreis RM. 5.— für 10^6 kcal (entsprechend einem
    Dampfpreis von ca. RM. 3.60 für 1 t Dampf),
Betriebszeit $h = 8760$ h, Dauerbetrieb.

Es soll ermittelt werden, welches von zwei vorliegenden Wärmeschutzangeboten das wirtschaftlichere ist, d. h. bei welchem Angebot die wirtschaftlichste Isolierstärke die geringeren Gesamtjahreskosten ergibt. Es seien:

Wärmeleitzahl in kcal/m h ^{0}

Angebot 1 . . . . $\lambda = 0,06$
Angebot 2 . . . . $\lambda = 0,10$

Anlagekosten der Isolierung
in RM/m² bei einer Isolierstärke

s in mm..	20	40	60	80	100	125	150	200
Angebot 1	12.—	14.—	16.—	18.—	20.—	22.50	25.—	30.—
Angebot 2	7.20	8.40	9.60	10.80	12.—	13.50	15.—	18.—

Die Amortisations- und Verzinsungsquote beträgt 40 %.

Zunächst werden die Jahreskosten Ω für die Wärmeverluste und diejenigen für Amortisation und Verzinsung der Isolierung $\Re$ für die verschiedenen Isolierstärken berechnet. (Siehe Tabelle Seite 11.)

Die Gesamtjahreskosten sind in Abb. 1 (siehe Seite 12) auf zeichnerischem Wege ermittelt. Die Kurven für die Gesamtjahreskosten erreichen ihren geringsten Wert bei 70 mm Isolierstärke für Angebot 1 und bei 110 mm für

Angebot 2; diese Isolierstärken sind demnach die wirtschaftlichsten.[4])

Isolierstärke s in mm	30	40	60	80	100	125	150	200
Wärmeverluste Q in kcal/m h								
Angebot 1: $\lambda = 0{,}06$	379	303	228	187	161	140	124	104
Angebot 2: $\lambda = 0{,}10$	584	479	362	300	259	226	203	171
Jahreskosten der Wärmeverluste Ω in RM./m Jahr								
Angebot 1: $\lambda = 0{,}06$	16.58	13.28	10.—	8.31	7,05	6.14	5.43	4.56
Angebot 2: $\lambda = 0{,}10$	25.60	21.—	15.80	13.15	11.32	9.92	8.90	7.48
Anlagekosten der Isolierung in RM./m								
Angebot 1: $\lambda = 0{,}06$	11.27	13.02	16.91	21.23	26.14	32.95	40.50	58.02
Angebot 2: $\lambda = 0{,}10$	6.76	7.81	10.14	12.77	15.67	19.76	24.30	34.81
Jahreskosten für die Isolierung $\mathfrak{K}$ in RM./m Jahr								
Angebot 1: $\lambda = 0{,}06$	4.51	5.21	6.76	8.51	10.44	13.17	16.20	23.21
Angebot 2: $\lambda = 0{,}10$	2.70	3.12	4.06	5.11	6.27	7.81	9.72	13.92

[4]) Die Kurven der Gesamtjahreskosten (S) verlaufen in der Nähe des Minimums ziemlich flach; d. h. in der Nähe der wirtschaftlichsten Isolierstärke wirkt sich eine Änderung der Isolierstärke auf die Höhe der Gesamtjahreskosten nur sehr gering aus. Während die Ungenauigkeiten des zeichnerischen Verfahrens sich für die wirtschaftlichste Isolierstärke selbst stark bemerkbar machen, was für die Praxis wegen der ohnehin notwendigen Abrundung auf Handelsmaß aber bedeutungslos ist, ergeben sich bei der Höhe der Gesamtjahreskosten nur sehr kleine Fehler gegenüber den tatsächlichen Werten. Aus diesem Grunde können derartige Berechnungen ohne weiteres mit dem Rechenschieber durchgeführt werden, zumal die Ermittlung der Wärmeverluste nach Zahlentafeln oder graphischen Verfahren ebenfalls geringe Abweichungen in die Rechnung hineinbringt. Für den Wirt-

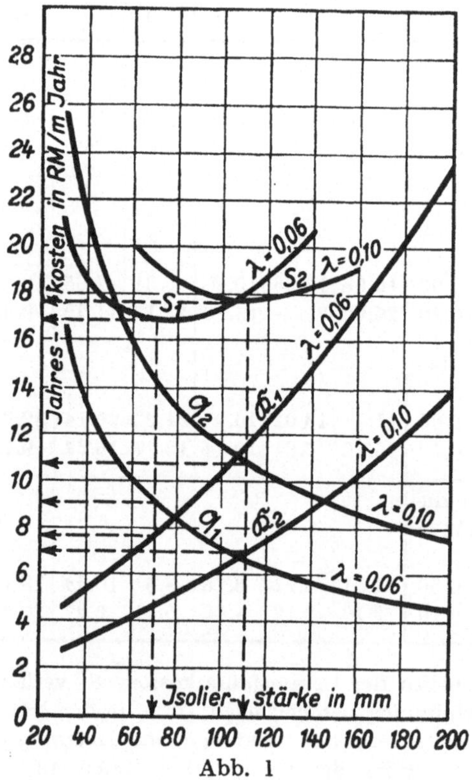

Abb. 1

Wirtschaftlichste Isolierstärke und Gesamtjahreskosten von zwei Wärmeschutzangeboten (λ = 0,06 u. λ = 0,10)

schaftlichkeitsvergleich sind diese Ungenauigkeiten in der
Praxis wegen der Abrundung auf Handelsmaß ohne Bedeutung,
auch bei der vorliegenden Untersuchung des Einflusses der verschiedenen Größen auf das Vergleichsergebnis, da hier vornehmlich die Richtung der Änderung des Ergebnisses interessiert.

Ein Vergleich der wirtschaftlichsten Isolierstärken beider Angebote ergibt dann:

	Angebot 1 $\lambda = 0,06$	Angebot 2 $\lambda = 0,10$
Wirtschaftlichste Isolierstärke in mm	70	110
Jahreskosten für Wärmeverluste $\mathfrak{Q}$ in RM./m Jahr ……………	9.08	10.65
Jahreskosten für die Isolierung $\mathfrak{K}$ in RM./m Jahr ………………	7.62	6.95
Gesamtjahreskosten S in RM./m Jahr	16.70	17.60
Gesamtjahreskosten S in % ………	100	105,4

Das Angebot 2 mit $\lambda = 0,10$ ist um 5,4 % in den Gesamtjahreskosten teurer; somit wäre in diesem Falle dem Angebot 1 mit $\lambda = 0,06$ der Vorzug zu geben.

2. Beeinflussung des Vergleichsergebnisses durch Änderung der in die Rechnung eingeführten Größen.

Die wirtschaftlichste Isolierstärke ist von sehr vielen Größen abhängig, nämlich:

Rohrdurchmesser,
Temperatur des Wärmeträgers und der umgebenden Luft,
Wärmepreis,
Wärmeleitzahl des Isoliermaterials,
Wärmeübergangszahl der Isolierungsoberfläche,
Betriebsart,
jährliche Betriebsdauer,
Anlagekosten der Isolierung,
Amortisations- und Verzinsungsquote.

Die Abhängigkeiten sind demnach ziemlich kompliziert. Ebenso, wie die wirtschaftlichste Isolierstärke eines bestimmten Wärmeschutzes jeweils von Fall zu Fall ermittelt werden muß, ist es auch notwendig, um unter zwei oder mehreren vorliegenden Angeboten das wirtschaftlichste auszuwählen, in jedem einzelnen Falle die Vergleichsberechnung durchzuführen, d. h. zunächst die wirtschaftlichsten Isolierstärken zu berechnen und die dazugehörigen Gesamtjahreskosten untereinander zu vergleichen. Anderseits liegen in der Praxis häufig Fälle vor, bei denen unter sonst gleichen Größen sich lediglich eine, z. B. der Rohrdurchmesser oder die Dampftemperatur, ändert, und die Vergleichsrechnung dann für verschiedene Werte derselben Größe durchgeführt werden muß. Dann ist es sehr vorteilhaft, die Gesetzmäßigkeiten zu kennen, die zwischen jeder einzelnen Größe, bzw. einer Änderung ihres Wertes, und der wirtschaftlichsten Isolierstärke, sowie den Gesamtjahreskosten bestehen. Auch aus einem weiteren Grunde ist es von großem Wert, diese Zusammenhänge klarzulegen, weil die eine oder andere der Größen, z. B. der Wärmepreis oder die Amortisations- und Verzinsungsquote, nicht mit sehr großer Genauigkeit, oft nur unter Zugrundelegung gewisser Annahmen, festgelegt werden können. Aus der Kenntnis des Einflusses lassen sich dann wichtige Schlußfolgerungen auf die Genauigkeit eines solchen Vergleichs ziehen. Im folgenden sollen daher diese Zusammenhänge eingehend untersucht werden.

a) Einfluß von Rohrdurchmesser, Temperatur des Wärmeträgers, Wärmepreis und Amortisations- und Verzinsungsquote auf das Ergebnis eines Wirtschaftlichkeitsvergleichs.

Zur näheren Untersuchung des Einflusses, den die Änderungen der in die Rechnung eingeführten Größen auf das Ergebnis eines Wirtschaftlichkeitsvergleichs haben können, seien zunächst vier Größen herausgenommen, der Rohrdurchmesser, die Temperatur des Wärmeträgers, der Wärmepreis und die Amortisations- und Verzinsungsquote. Unter Beibehaltung der übrigen Werte des Zahlenbeispiels auf Seite 10 ist die Vergleichsberechnung nochmals durchgeführt, jedoch für:

verschiedene Rohrdurchmesser, und zwar 50, 100, 200, 300 und 400 mm;

verschiedene Temperaturen des Wärmeträgers, und zwar 100, 200, 300 und 400 ^{0}, bei gleicher Lufttemperatur von 0 ^{0};

verschiedene Wärmepreise, und zwar RM. 2.—, 4.—, 5.—, 6.— und 8.— für 10^6 kcal;

verschiedene Amortisations- und Verzinsungsquoten, und zwar 20, 30, 40, 50 und 60 %.

Das Ergebnis ist in der eingehefteten Zahlentafel zusammengestellt.

Der Einfluß aller vier Größen ist erheblich. Die wirtschaftliche Überlegenheit des Angebots 1 mit der niedrigeren Wärmeleitzahl, gegenüber dem Angebot 2 mit der höheren Wärmeleitzahl, steigt mit:

abnehmendem Rohrdurchmesser,
zunehmender Temperatur des Wärmeträgers,
zunehmendem Wärmepreis,
abnehmender Amortisations- und Verzinsungsquote.

Der Einfluß des Rohrdurchmessers beruht in der Hauptsache auf der Gesetzmäßigkeit des Wärmedurchgangs durch zylindrische Wände, der neben anderen Abhängigkeiten in umgekehrter Proportionalität zu dem natürlichen Logarithmus des Durchmesserverhältnisses $\frac{d_a}{d_i}$ steht; ferner ist der Einfluß auch in der Abhängigkeit des Wärmeübergangs an der Isolierungsoberfläche vom

15

Krümmungshalbmesser begründet. Hierdurch wirken sich
die Unterschiede der wirtschaftlichsten Isolierstärken —
bei dem Material mit der höheren Wärmeleitzahl und dem
niedrigeren Preis ist sie in allen Fällen höher als bei dem
Material mit der niedrigeren Wärmeleitzahl und dem
höheren Preis — auf die Wärmeverluste bei kleineren
Rohrdurchmessern stärker aus als bei größeren Durchmessern. Da der Rohrdurchmesser in jedem Einzelfalle
genau bekannt ist, kommen durch ihn keine Ungenauigkeiten in die Vergleichsrechnung hinein; man muß sich
aber darüber klar sein, daß das für einen bestimmten Rohrdurchmesser gefundene Vergleichsergebnis nur für diesen
zu gelten hat. Gelegentlich kann der Fall eintreten, daß
von zwei Angeboten je nach dem Rohrdurchmesser das eine
oder das andere wirtschaftlich überlegen, d. h. billiger ist.
Hat sich aber für einen bestimmten Rohrdurchmesser die
Überlegenheit des Materials mit der geringeren Wärmeleitfähigkeit ergeben, so gilt sie, und zwar in verstärktem
Maße, auch für alle kleineren Durchmesser.

Auch das für eine bestimmte Temperatur des Wärmeträgers gefundene Ergebnis hat nur für diese Gültigkeit;
bei dem gewählten Beispiel ist das Angebot 2, Material mit
höherer Wärmeleitzahl, gegenüber dem Angebot 1, Material
mit niedriger Wärmeleitzahl, bei 100 ^{0} um 3,2 % billiger,
bei 400 ^{0} dagegen um 8,2 % teurer. Die Entscheidung
müßte hier je nach der Betriebstemperatur zugunsten des
einen oder anderen Materials fallen. Die Erklärung für
diese Abhängigkeit liegt auf der Hand, da die Wärmeverluste mit der Betriebstemperatur steigen, die Anlagekosten dabei unverändert bleiben; die Kurven der $\mathfrak{Q}$-
Werte verlaufen bei höherer Temperatur mit stärkerer
Neigung, während die Neigung der $\mathfrak{K}$-Kurven gleich bleibt;
mit steigender Temperatur nehmen die wirtschaftlichsten
Isolierstärken und gleichzeitig ihr Unterschied bei den

16

beiden Materialien immer mehr zu, sodaß die Wirtschaftlichkeit des wärmetechnisch besseren Materials mit zunehmender Temperatur gegenüber dem wärmetechnisch schlechteren Material größer wird.

Mit dem Wärmepreis wird eine Größe in die Rechnung eingeführt, deren einwandfreie Bestimmung oft auf Schwierigkeiten stößt. Grundsatz sollte immer bleiben, bei der Ermittlung des Wärmepreises alle Kosten einzubeziehen, die bis zum Augenblick des Verbrauchs der Wärmeenergie entstehen; es genügt also nicht, den Wärmepreis aus dem Preis des Brennstoffs am Kessel, seinem Heizwert und dem Kesselwirkungsgrad zu errechnen, vielmehr müssen auch alle Unkosten für Verwaltung usw., auch die Unterhaltungskosten der Anlage und der Kapitaldienst für Verzinsung und Tilgung des investierten Kapitals, berücksichtigt werden. Bei überhitztem Dampf für Kraftzwecke, wo die Wärmeverluste einen Temperaturverlust, verbunden mit einer Güteminderung und einer Herabsetzung des Wirkungsgrades der Maschine, zur Folge haben, muß der Wärmepreis noch durch einen Wertigkeitsfaktor erhöht werden. Bei ungenügender Berücksichtigung dieser Gesichtspunkte können leicht Fehler entstehen, die bis zu 100 % betragen. Einer solchen Änderung des Wärmepreises um 100 %, z. B. von 4 RM. auf 8 RM., entspricht aber bei dem vorliegenden Fall, wie aus der Zahlentafel nach Seite 16 hervorgeht, immerhin eine Änderung des Vergleichsergebnisses um 5,2 %; der Einfluß des Wärmepreises kann demnach unter Umständen erheblich sein.

Von besonderem Interesse ist schließlich die Wirkung einer Änderung der Amortisations- und Verzinsungsquote auf den Wirtschaftlichkeitsvergleich. Auch dieser Einfluß ist erheblich; einer Herabsetzung der Quote von 60 auf 20 % entspricht z. B. eine Änderung des Ergebnisses um rund 10 % zugunsten des Angebots 1 mit der niedrigeren

Wärmeleitzahl. Bei beiden Quoten handelt es sich um praktisch durchaus mögliche Fälle. (Vgl. hierzu Abb. 2.)

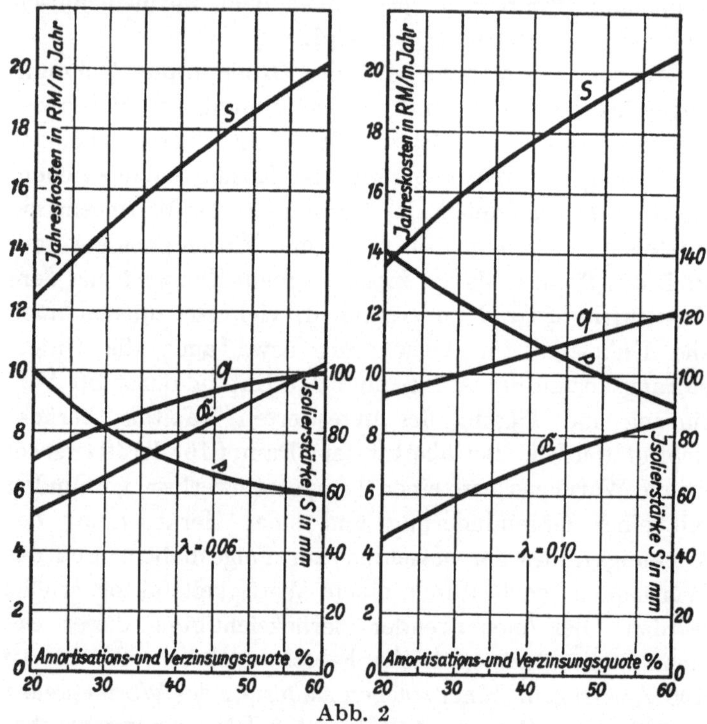

Abb. 2

Wirtschaftlichste Isolierstärke, Jahreskosten für Wärmeverluste, Jahreskosten für die Isolierung und Gesamtjahreskosten von zwei Wärmeschutzangeboten ($\lambda = 0{,}06$ u. $\lambda = 0{,}10$) in Abhängigkeit von der Amortisations- und Verzinsungsquote.

Bei der Festsetzung der Amortisations- und Verzinsungsquote ist eine Reihe verschiedener Gesichtspunkte maßgebend. Während die Verzinsung sich nach allgemeinen wirtschaftlichen Verhältnissen richtet, spielen bei der Bemessung der Amortisationszeit auch die technischen Besonderheiten der Anlage eine Rolle. Bei einem Dampfkessel z. B., dessen Lebensdauer zeitlich begrenzt ist, ist die

Amortisationszeit für die Isolierung, wenn diese, wie es
meist der Fall ist, bei einer Auswechslung des Kessels ebenfalls abgenommen werden muß, von vornherein zeitlich
festgelegt, und zwar ohne Rücksicht darauf, ob die Haltbarkeit des Wärmeschutzes an sich einen längeren Zeitraum
zulassen könnte. Bei isolierten Rohrleitungen von statio-
nären Anlagen mit praktisch unbegrenzter Lebensdauer
sind wärmeschutztechnische Gesichtspunkte, vor allem die
Haltbarkeit der Isolierung, maßgebend.

Die Unsicherheiten und Ungenauigkeiten, die durch die
Amortisations- und Verzinsungsquote in die Vergleichsrechnung hineingelangen, können sehr groß sein; denn es
ist wohl selten möglich, die zukünftige Lebensdauer und
Ausnutzungszeit einer industriellen Anlage im voraus vollkommen richtig zu schätzen.

Bei der schnellen fortschrittlichen Entwicklung der
Technik können solche Anlagen infolge Verbesserungen
oder Erfindungen schon nach kurzer Zeit veraltet sein und
müssen durch neue ersetzt werden; hieraus entsteht die
Neigung, das investierte Kapital in möglichst kurzer Zeit
zu tilgen. Das mag von manchem kaufmännischen und
auch technischen Gesichtspunkt aus richtig sein, bei
Wärmeschutzanlagen kann es unter Umständen zu großen
Verlusten führen. Häufig wird eine Anlage, die zunächst
nur auf wenige Jahre berechnet, und deren Tilgungsquote
entsprechend hoch angesetzt wurde, in Wirklichkeit bedeutend längere Zeit ausgenutzt; es zeigt sich bei einer
dann angestellten Nachkalkulation, daß die gewählten
Isolierstärken zu schwach sind, und die Kosten der Wärmeverluste die einmaligen Ersparnisse der Anlagekosten im
Laufe der Zeit immer mehr übersteigen.

Es sei z. B. die wirtschaftlichste Isolierstärke zunächst
mit einer Amortisations- und Verzinsungsquote von 55 %
ermittelt; bei 7 % Verzinsung entspricht diese Quote einer

Amortisationszeit von rund 2 Jahren.[6] Die Amortisations-
und Verzinsungsquote ist, wenn es sich um eine Anlage
von unbeschränkter Lebensdauer handelt, nur dann richtig
angenommen, wenn die Amortisationszeit zur Tilgung der
Anlagekosten und die Ausnutzungszeit der Anlage tat-
sächlich übereinstimmen. In Wirklichkeit werde aber die
Anlage entgegen der ursprünglichen Absicht statt 2 Jahre
5 Jahre lang ausgenutzt, was einer Amortisations- und
Verzinsungsquote von nur rund 25 % entspricht.[7] Nach
dem Beispiel der Zahlentafel nach Seite 16 und unter Benutzung der Diagramme der Abb. 2 würden sich dann folgende Kosten während der fünfjährigen Betriebsperiode
ergeben:

<table>
<tr><td colspan="5" align="center">Ausnutzungszeit der Anlage: 5 Jahre.</td></tr>
<tr><td></td><td colspan="4" align="center">Amortisations- u. Verzinsungsquote</td></tr>
<tr><td></td><td colspan="2" align="center">55 %
zu hoch
angenommen</td><td colspan="2" align="center">25 %
richtig
angenommen</td></tr>
<tr><td>Angebot ....</td><td align="center">1
$\lambda = 0,06$</td><td align="center">2
$\lambda = 0,10$</td><td align="center">1
$\lambda = 0,06$</td><td align="center">2
$\lambda = 0,10$</td></tr>
<tr><td>Wirtschaftl. Isol.-St. in
  mm ....</td><td align="center">61</td><td align="center">94</td><td align="center">90</td><td align="center">130</td></tr>
<tr><td>Kosten f. Wärmeverluste
  in 5 Jahren RM./m ..</td><td align="center">49.40</td><td align="center">58.50</td><td align="center">38.50</td><td align="center">48.50</td></tr>
<tr><td>Anlagekosten der Isolie-
  rung in RM./m .....</td><td align="center">17.10</td><td align="center">14.80</td><td align="center">23.65</td><td align="center">20.65</td></tr>
<tr><td>Gesamtkosten RM./m ..</td><td align="center">66.50</td><td align="center">73.30</td><td align="center">62.15</td><td align="center">69.15</td></tr>
</table>

[6] Die genaue Berechnung nach der Bedingungsgleichung der
Amortisation (vgl. Math. Formelsammlung, Verlag Göschen,
S. 29) ergibt: Amortisationszeit 2 Jahre: Amortisations- und
Verzinsungsquote 55,3 %; Amortisationszeit 5 Jahre: Amortisa-
tions- und Verzinsungsquote 24,37 %

[7] desgl.

Die Mehrkosten in der ganzen fünfjährigen Betriebsperiode durch zu hohe Annahme der Amortisations- und Verzinsungsquote (55 %) betragen demnach 4.35 RM. bei Angebot 1 und 4.15 RM. bei Angebot 2.

Im umgekehrten Falle, wenn zunächst mit einer Quote von 25 %, entsprechend einer Amortisationszeit und einer Ausnutzungsdauer von 5 Jahren, gerechnet würde, die Anlage aber 2 Jahre lang in Betrieb bleibt und dann aus irgend welchen Gründen stillgelegt wird, in Wirklichkeit also mit einer Quote von 55 % entsprechend der zweijährigen Ausnutzung zu rechnen gewesen wäre, würden die Kosten während der zweijährigen Betriebszeit betragen:

Ausnutzungszeit der Anlage: 2 Jahre.				
	Amortisations- u. Verzinsungsquote			
	25 % zu niedrig angenommen		55 % richtig angenommen	
Angebot	1 $\lambda = 0,06$	2 $\lambda = 0,10$	1 $\lambda = 0,06$	2 $\lambda = 0,10$
Wirtschaftl. Isol.-St. in mm	90	130	61	94
Kosten f. Wärmeverluste in 2 Jahren RM./m..	15.40	19.40	19.75	23.40
Anlagekosten der Isolierung RM,/m	23.65	20.65	17.10	14.80
Gesamtkosten RM./m ..	39.05	40.05	36.85	38.20

In der zweijährigen Betriebsperiode betragen die Mehrkosten durch zu niedrig angenommene Amortisations- und Verzinsungsquote (25 %) nur 2.20 RM. bei Angebot 1 und 1.85 RM. bei Angebot 2.

Es ist daher vorteilhaft, die Amortisations- und Verzinsungsquote, wenn sie nicht genau ermittelt werden kann, eher etwas zu niedrig als zu hoch zu wählen. Das finanzielle

Risiko bei einer nachträglichen Änderung der für die Bemessung der Amortisationszeit angenommenen Ausnutzungsdauer der Anlage ist jedenfalls erheblich geringer. Hinzu kommt der weitere Vorteil der infolge der größeren Isolierstärke geringer werdenden Wärmeverluste in betriebstechnischer Hinsicht, der bei der rein wirtschaftlichen Betrachtung naturgemäß ausscheidet, in der Praxis jedoch, wo wirtschaftliche und betriebstechnische Forderungen oft nebeneinander erfüllt werden müssen, von Bedeutung werden kann.

Für den rein wirtschaftlichen Vergleich von Wärmeschutzangeboten ist das Ergebnis dieser Überlegung insofern von Bedeutung, als mit abnehmender Amortisations- und Verzinsungsquote die wirtschaftliche Überlegenheit eines wärmetechnisch günstigeren, aber teuren, gegenüber einem wärmetechnisch schlechteren, aber billigeren Material immer größer wird, wie bei dem vorliegenden Zahlenbeispiel ein Blick auf die Abb. 2 zeigen konnte.

b) Einfluß der Wärmeleitzahl und des Wärmeübergangs an der Isolierungsoberfläche auf das Ergebnis eines Wirtschaftlichkeitsvergleichs.

Unter den physikalischen Eigenschaften eines Wärmeschutzes nimmt die Wärmeleitfähigkeit die größte Bedeutung ein. Nur ihre genaue Kenntnis ermöglicht es, den Wirkungsgrad eines Wärmeschutzes rechnerisch zu ermitteln, und ebenso ist nur dann ein Vergleich zwischen mehreren Isolierungen möglich, wenn deren Wärmeleitfähigkeiten als feststehende Größen in die Rechnung eingeführt werden können. Mit Recht verlangt man heute Garantien für die Wärmeleitfähigkeit der angebotenen Isolierungen. Es soll nicht Aufgabe der vorliegenden Unter-

22

suchung sein, auf die Bedeutung von Garantien für Wärmeschutzmittel näher einzugehen; zu dieser Frage haben wir in einer besonderen Veröffentlichung eingehend Stellung genommen.[8] Für die Beurteilung der tatsächlichen Sicherheit, die eine Garantie zu bieten vermag, sind rechtliche, technische und auch psychologische Momente maßgebend, von denen hier nur die juristische Vertragsform, der technische Vertragsinhalt, die Betriebserfahrung und Sachkenntnis der die Garantie leistenden Wärmeschutzfirma einerseits und die des Abnehmers andererseits, genaue Kenntnis des konstruktiven Aufbaues des angebotenen Verfahrens und der verwendeten Grundstoffe und schließlich die Möglichkeiten einer Nachprüfung der Garantie erwähnt werden sollen. Rein rechnerisch läßt sich ein Vergleich zwischen verschiedenen Angeboten nur dann durchführen, wenn die in die Rechnung eingeführten Wärmeleitzahlen alle die gleiche Sicherheit für ihre Einhaltung bieten. In der Praxis ist dies jedoch nicht immer zu erwarten. Garantien können infolge der unvermeidlichen Schwankung in der Materialzusammensetzung, ferner wegen der Meßungenauigkeiten bei der Nachprüfung, auch wegen der Abweichungen der tatsächlichen Isolierstärken gegenüber den berechneten, nur mit einer Toleranz gegeben werden. Schon dadurch können, bei verschiedener Inanspruchnahme der Toleranz, geringe Ungenauigkeiten in die Rechnung hineingelangen. Wegen der Temperaturabhängigkeit der Wärmeleitzahl, und weil die Mitteltemperaturen der Isolierung nur angenähert bekannt sind, sind weitere Abweichungen der tatsächlichen Werte gegenüber den der Berechnung zu Grunde gelegten zu erwarten. Es ist deshalb von Interesse, zu wissen, wie weit das Ergebnis eines

---

[8] „Die technisch-rechtliche Bedeutung von Garantien für Wärmeschutzmittel". Herausgegeben von den Deutschen Prioform Werken, Köln. 1928.

Wirtschaftlichkeitsvergleichs durch solche Erhöhungen der Wärmeleitzahlen geändert werden kann.

Unter Benutzung der Werte des Zahlenbeispiels auf Seite 10 sind nachstehend die wirtschaftlichsten Isolierstärken und die Gesamtjahreskosten für die Wärmeleitzahlen $\lambda = 0,06$ und $\lambda = 0,10$ sowie für um 10 bzw. 20 % erhöhte Leitzahlen zusammengestellt.

	Angebotene Wärmeleitzahlen		Um 10 % erhöhte Wärmeleitzahlen		Um 20 % erhöhte Wärmeleitzahlen	
Angebot	1	2	1	2	1	2
Wärmeleitzahl kcal/m h ⁰	0,06	0,10	0,066	0,11	0,072	0,12
Wirtschaftlichste Isolierstärke mm	70	110	73	113	76	116
Jahreskosten für Wärmeverluste Rm./m Jahr	9.08	10.65	9.68	11.53	10.27	12.42
Jahreskosten für die Isolierung RM./m Jahr	7.62	6.95	7.88	7.08	8.16	7.20
Gesamtjahreskosten RM./m Jahr	16.70	17.60	17.56	18.61	18.43	19.62
Gesamtjahreskosten %	100	105,4	100	106	100	106,5

Die Änderung ist demnach nur sehr gering; immerhin zeigt sich, daß bei gleicher Erhöhung der Wärmeleitzahl die Gesamtjahreskosten des Materials mit der höheren Wärmeleitzahl — im vorliegenden Falle Angebot 2 — stärker zunehmen, als die des Materials mit der niedrigeren Leitfähigkeit. Auf den Einfluß einer Toleranz bei garantierten Wärmeleitzahlen angewandt, läßt sich daraus schließen, daß gleiche prozentuale Toleranz bei einem Material mit niedriger Wärmeleitzahl größere Sicherheit bedeutet, als bei einem Material mit höherer Leitfähigkeit.

Auch der Einfluß auf die wirtschaftlichste Isolierstärke selbst ist nicht sehr groß; einer Erhöhung der Wärmeleitzahl um 20 % entspricht z. B. nur eine Erhöhung um 6 mm. Die Gesamtjahreskosten jedoch steigen bedeutend mehr, bei Angebot 1 um 1.73 RM. $= 10{,}3\%$, bei Angebot 2 um 2,02 RM. $= 11{,}5\%$. Auch hierin zeigt sich der unterschiedliche Einfluß gleicher Toleranz.

Der Wärmeübergang an der Isolierungsoberfläche ist von verschiedenen Größen abhängig; er ist um so größer, je

> kleiner der Krümmungshalbmesser der Oberfläche,
> größer ihre Strahlungskonstante,
> höher die Übertemperatur der Oberfläche,
> höher die Lufttemperatur,
> größer die Luftbewegung (Windanfall) ist.

Bei ruhender Außenluft, z. B. in Innenräumen, ist neben der Strahlungskonstanten, die im allgemeinen bei den einzelnen Isolierungen keine großen Unterschiede aufweist, die absolute Höhe der Oberflächentemperatur und der Lufttemperatur sowie die Differenz beider für die Größe des Wärmeübergangs maßgebend, bei bewegter Luft tritt der Einfluß der Temperatur mehr und mehr zurück; in beiden Fällen nimmt die Wärmeübergangszahl mit abnehmendem Krümmungshalbmesser zu. Obwohl die Wärmeübergangszahl selbst sehr unterschiedliche Werte haben kann, ist trotzdem kein wesentlicher Einfluß dieser Größe auf das Ergebnis des Wirtschaftlichkeitsvergleichs zu erwarten, weil der Anteil des Wärmeübergangswiderstandes an der Oberfläche der Isolierung an dem ganzen Wärmedurchgangswiderstand der Isolierung bei einigermaßen normaler Isolierstärke und Wärmeleitzahl nur sehr gering ist. Es kann sich daher in der Praxis meist nur um sehr kleine vernachlässigbare Differenzen handeln. In welcher Richtung die Änderung des Ergebnisses erfolgt, läßt sich ohne weiteres aus theoretischen Überlegungen sagen; die Erhöhung des Wärmeübergangs, z. B. durch Windanfall bei einer Leitung im Freien gegenüber einer in Innenräumen in ruhender Luft liegenden, hat eine Erhöhung des ganzen Wärmeverlustes zur Folge, wodurch das Vergleichsergebnis zu Gunsten des Materials mit der niedrigeren Wärmeleitzahl, wenn auch nur in sehr geringem Maße, geändert wird. Hat man daher unter Annahme ruhender Außenluft durch Vergleich zweier Isolierungen festgestellt, daß das Material mit geringerer Leitfähigkeit wirtschaftlicher ist, so gilt dieses Ergebnis, und zwar in verstärktem Maße, auch bei Annahme von Windanfall. Für die Werte des Zahlenbeispiels auf Seite 10 würde sich z. B. bei einer Windgeschwindigkeit von 25 m/s ergeben:

	Angebot 1 $\lambda = 0{,}06$	Angebot 2 $\lambda = 0{,}10$
Wirtschaftlichste Isolierstärke mm......	77	119
Jahreskosten für Wärmeverluste RM./m J.	9.08	11.12
Jahreskosten für die Isolierung RM./m J.	8.21	7.40
Gesamtjahreskosten RM./m Jahr........	17.29	18.52
Gesamtjahreskosten %	100	107,1

Das Angebot 2 ist also gegenüber dem Vergleich für ruhende Außenluft um 1,7 % teurer geworden.

c) Einfluß der Betriebsart auf das Ergebnis eines Wirtschaftlichkeitsvergleichs.

Bei den bisherigen Untersuchungen waren Anlagen angenommen, die im Dauerbetrieb während des ganzen Jahres benutzt werden; die jährliche Betriebszeit war $h = 8760$ h/Jahr. Ist eine Anlage nur während eines Teils des Jahres, jedoch in einer zusammenhängenden Periode, in Betrieb, wie z. B. die Betriebsperiode einer Heizungsanlage im Winterhalbjahr oder die einer Kühlanlage im Sommer, so kann, da die Wärmeverluste der Isolierung bei einmaligem Anheizen und Auskühlen gegenüber den Verlusten während der langen Betriebszeit vollständig bedeutungslos sind, die Ermittlung der wirtschaftlichsten Isolierstärke, und ebenso ein Wirtschaftlichkeitsvergleich, nach den gleichen Gesichtspunkten erfolgen wie beim vollständigen Dauerbetrieb während des ganzen Jahres. Von Einfluß ist selbstverständlich die nunmehr verkürzte jährliche Betriebszeit; sie bewirkt bei allen Isolierungen eine Verminderung der wirtschaftlichsten Isolierstärke. Bei einem Wirtschaftlichkeitsvergleich zwischen zwei verschiedenen Isolierungen verringert sich mit abnehmender Betriebszeit die Wirtschaftlichkeit eines Materials mit geringerer Wärmeleitzahl, aber höherem Preis, gegenüber einem anderen Material, dessen Wärmeleitfähigkeit höher, dessen Preis aber niedriger ist. Bei halbjähriger Betriebszeit $h = 4380$ h/Jahr, würde sich z. B. für das Zahlenbeispiel auf Seite 10 ergeben:

	Angebot 1 $\lambda = 0,06$	Angebot 2 $\lambda = 0,10$
Wirtschaftlichste Isolstierstärke mm	52	81
Jahreskosten für Wärmeverluste RM./m Jahr	5.70	6,60
Jahreskosten für die Isolierung RM./m Jahr	6.12	5.16
Gesamtjahreskosten RM./m Jahr .	11.82	11.76
Gesamtjahreskosten %	100	99.5

Während bei vollständigem Dauerbetrieb das Angebot 2, $\lambda = 0,10$, in den Gesamtjahreskosten um 5,4 % teurer war, sind jetzt beide Angebote nahezu gleichwertig.

Bei regelmäßig unterbrochener Betriebsweise, insbesondere bei täglichen Betriebspausen, müssen neben den Wärmeverlusten der eigentlichen Betriebszeit, bei der sich der Wärmedurchgang durch die Isolierung im Beharrungszustand befindet, noch weiterhin berücksichtigt werden:

1. Die Auskühlungsverluste während der Betriebspausen und
2. die Verringerung der Wärmeverluste an die Umgebung während der Anheizzeit bis zur Erreichung des Dauerzustands.

Erstere sind zusätzliche Verluste, die letzteren bedeuten, wenn die Anheizzeit zur Betriebszeit gerechnet wird, eine Verminderung der normalen Betriebsverluste. Beide sind in erster Linie abhängig von der Wärmekapazität der Isolierung, die vom Raumgewicht und der spezifischen Wärme bestimmt wird, während der Einfluß der Wärmeleitzahl verhältnismäßig gering ist. Für die Anheiz- bzw. Auskühlzeit ist die Temperaturleitfähigkeit

$$a = \frac{\lambda}{R \cdot c} \text{ in } m^2/h$$

maßgebend, wenn

λ die Wärmeleitzahl in kcal/m h °,
R das Raumgewicht in kg/m³ und
c die spezifische Wärme in kcal/kg sind.

Da Isolierungen mit niedriger Wärmeleitzahl meist auch ein geringeres Raumgewicht haben als solche mit höherer Wärmeleitzahl, zeigen die ersteren bei unterbrochener Betriebsweise wegen ihrer geringeren Speicherwärme und entsprechend niedrigeren Auskühlungsverluste und längeren Auskühlungszeiten besonders hohe Überlegenheit.

Die Speicherwärme kann außerordentlich unterschiedlich sein. Für die in dem Zahlenbeispiel auf Seite 10 ermittelten wirtschaftlichsten Isolierstärken ergeben sich z. B.

unter Annahme nachstehender Raumgewichte und spezifischer Wärme folgende Speicherwärmen:

	Angebot 1	Angebot 2
Wärmeleitzahl kcal/m h ^{0}	0,06	0,10
Raumgewicht kg/m^3	350	700
Spezifische Wärme kcal/kg	0,20	0,24
Wirtschaftlichste Isolierstärke mm .	70	110
Wärmeverlust im Dauerzustand kcal/m h	206	243
Wärmeverlust im Dauerzustand % .	100	118
Speicherwärme der Isolierung kcal/m	614	2512
Speicherwärme der Isolierung % . .	100	410

Der Wärmeverlust bei Angebot 2 ist nur um 18 % höher als der des Angebots 1, die Speicherwärme jedoch beträgt das 4,1 fache; es ist daraus zu folgern, daß bei unterbrochener Betriebsweise die Überlegenheit des Angebots 1, $\lambda = 0,06$, über Angebot 2, $\lambda = 0,10$, größer ist als bei Dauerbetrieb.

Während für den Dauerbetrieb Rohrdurchmesser, Temperatur, Wärmeleitzahl, Wärmepreis, Wärmeschutzpreis, Betriebszeit und die Amortisations- und Verzinsungsquote von Bedeutung sind, kommen bei unterbrochener Betriebsweise noch Zahl und Dauer der einzelnen Betriebsunterbrechungen hinzu. Die bei ein und demselben Wärmeschutz sich ergebenden Unterschiede der wirtschaftlichsten Isolierstärke bei Dauerbetrieb und unterbrochener Betriebsweise können unter bestimmten Verhältnissen erheblich voneinander abweichen. Die Abweichungen sind allgemein um so größer, je

kleiner der Rohrdurchmesser,

größer die Temperaturdifferenz zwischen Wärmeträger
   und Luft,
teurer die Wärmeenergie,
niedriger der Preis des Wärmeschutzes,
niedriger die Amortisations- und Verzinsungsquote,
größer die Wärmekapazität des Wärmeschutzes und je
größer Zahl und Dauer der jährlichen Betriebsunterbrechungen sind.

Den größten Einfluß auf die Änderung gegenüber Dauerbetrieb hat die Zahl der jährlichen Betriebsunterbrechungen;
der Einfluß der Unterbrechungsdauer ist geringer, da der
größte Teil der Speicherwärme schon nach verhältnismäßig
kurzer Zeit verloren geht, und die Auskühlung dann immer
weiter abklingt.

Bei wöchentlich einmaliger Unterbrechung ergibt sich
eine für die Praxis meist vernachlässigbare Abweichung
gegenüber Dauerbetrieb; größer und auch für die Berechnung der wirtschaftlichsten Isolierstärke selbst nicht mehr
zu vernachlässigen ist sie bei täglicher Betriebsunterbrechung.

Nach dem Zahlenbeispiel auf Seite 10 sollen im folgenden
die Unterschiede des Vergleichsergebnisses bei Dauerbetrieb
und unterbrochener Betriebsweise berechnet werden; dabei
ist gerechnet für Dauerbetrieb: jährliche Betriebszeit
$h = 3000$ h/Jahr[8a]), für unterbrochene Betriebsweise:

---

[8]) Abweichend von dem Zahlenbeispiel auf Seite 10, das für
durchlaufenden Betrieb während des ganzen Jahres, $h = 8760$
h/Jahr, gerechnet ist, ist die Betriebszeit mit $h = 3000$ h/Jahr
angenommen worden; bei beiden Betriebsarten ist die Betriebszeit also die gleiche. Dies geschieht deshalb, damit in den folgenden Berechnungen lediglich der Einfluß der Betriebsart gezeigt
werden kann, und nicht der Einfluß veränderter Betriebszeit sich
gleichzeitig geltend macht. (Über den Einfluß der Betriebszeit auf das Vergleichsergebnis vgl. das Zahlenbeispiel auf Seite 27.)

tägliche Arbeitszeit 10 h,

tägliche Betriebspause 14 h,

Anzahl der jährlichen Betriebsunterbrechungen $= 300$,

jährliche Betriebszeit $h = 3000$ h/Jahr.

Nach dem von Cammerer[9]) gezeigten Näherungsverfahren betragen die zusätzlichen Auskühlungsverluste A in den Betriebspausen:

$$A = W \cdot \frac{100 - r}{100\,000} \cdot n \cdot p \text{ in RM./m Jahr,}$$

wenn

$W = W_R + W_{\mathcal{J}} = $ Wärmekapazität des Rohres (W_R) und der Isolierung $(W_{\mathcal{J}})$ im Dauerzustand in kcal/m,

$r^{10}) = $ Resttemperaturdifferenz zwischen Rohr und Luft in % der normalen Temperaturdifferenz,

$n = $ die Anzahl der Betriebsunterbrechungen im Jahr und

$p^{11}) = $ den Wärmepreis in RM./1000 kcal bedeuten.

Für das Beispiel ist $n = 300$, $p = 0,005$.

Die Verminderung der Wärmeverluste während der Anheizzeit E beträgt:

$$E = z_o \cdot (Q - Q_o) \cdot n \cdot \frac{p}{1000} \text{ in RM./m Jahr,}$$

wenn außer den bekannten Größen n und p

$z_o = $ die rechnungsmäßige Anheizzeit in h,

$Q - $ der Wärmeverlust im Dauerzustand in kcal/m h,

$Q_o = Q \cdot r = $ der Wärmeverlust am Schlusse der vorhergehenden Betriebsunterbrechung in kcal/m h, und

$r = $ die schon bekannte Resttemperaturdifferenz ist.

---

[9]) (vgl. Anmerkung 2).

[10]) Cammerer gebraucht hierfür die Bezeichnung p.

[11]) Cammerer gebraucht hierfür die Bezeichnung h.

Die Größe E wird, da die Wärmeverluste durch sie verringert werden, mit negativem Vorzeichen in die Rechnung eingeführt.

Für zwei Isolierstärken, 40 und 100 mm, ergibt sich dann:

	Angebot 1		Angebot 2	
Wärmeleitz. kcal/m h ^{0}..	0,06		0,10	
Raumgewicht kg/m^3 ...	350		700	
Spez. Wärme kcal/kg ...	0,20		0,24	
Isolierstärke mm	40	100	40	100
W_R in kcal/m	1270	1270	1270	1270
$W_{\mathcal{J}}$ in kcal/m	348	902	906	2275
W in kcal/m	1618	2172	2176	3545
r in %	6,5	25,5	6,5	25,5
A in RM./m J.	2,27	2,43	3,05	3,96
z_o in h	0,6	2,67	0,6	2,67
Q in kcal/m h	303	161	479	259
r in %	6,5	25,5	6,5	25,5
$Q_o = Q \cdot r$ in kcal/m h....	19,7	41,1	31,2	66,1
$Q - Q_o$ in kcal/m h.....	283,3	119,9	447,8	192,9
E in RM./m J. ...	—.25	—.48	—.40	—.77
$A - E$ in RM./m J. ...	2.02	1.95	2.65	3.19

Die Jahreskosten für die endgültigen Wärmeverluste folgen dann aus der Beziehung:

$$\mathfrak{Q}' = \mathfrak{Q} + (A - E) \text{ in RM./m Jahr,}$$

wenn

$\mathfrak{Q}$ die Jahreskosten für die Wärmeverluste während der eigentlichen Betriebszeit h, in diesem Falle 3000 h, bedeuten.

Die wirtschaftlichste Isolierstärke und die Gesamtjahreskosten sind graphisch nach Abb. 3 ermittelt; zum Vergleich sind dort auch die entsprechenden Werte für Dauerbetrieb, mit $h = 3000$ h/Jahr, eingetragen. Das Vergleichsergebnis ist in der Zahlentafel auf der nächsten Seite zusammengestellt.

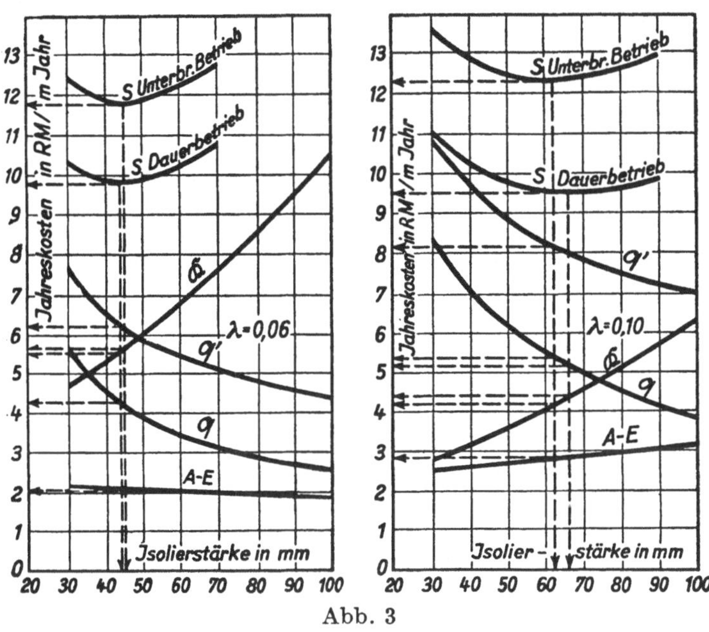

Abb. 3

Wirtschaftlichste Isolierstärke und Gesamtjahreskosten von zwei Wärmeschutzangeboten ($\lambda = 0,06$ u. $\lambda = 0,10$) bei Dauerbetrieb und unterbrochener Betriebsweise.

Ein Vergleich der Prozentwerte der Gesamtjahreskosten zeigt deutlich den Einfluß der Betriebsart auf das Ergebnis des Wirtschaftlichkeitsvergleichs. Die Unterschiede der wirtschaftlichsten Isolierstärke bei beiden Betriebsarten sind nur sehr gering. Dagegen ist die Änderung der Jahreskosten für Wärmeverluste erheblich; die Steigerung für unterbrochene Betriebsweise gegenüber Dauerbetrieb beträgt bei Angebot 1 ($\lambda = 0,06$) 46 %, bei Angebot 2 ($\lambda = 0,10$) dagegen 60 %.

	Dauerbetrieb		Unterbrochener Betrieb	
Jährliche Betriebszeit	3000 h		3000 h	
Angebot	1	2	1	2
Wärmeleitzahl kcal/m h ⁰	0,06	0,10	0,06	0,10
Wirtschaftlichste Isolierstärke mm .	44	66	45	62
Jahreskosten für Wärmeverluste Ω.				
RM./m J.	4.25	5.10	4.20	5.34
$A - E$ in RM./m Jahr	—	—	2.01	2.83
Jahreskosten für Wärmeverluste Ω'				
RM./m J.	—	—	6.21	8.17
Jahreskosten f. d. Isolierung RM./m J.	5.50	4.35	5.58	4.16
Gesamtjahreskosten RM./m J.	9.75	9.45	11.79	12.33
„ %	100	96,9	100	104,6

Die Wärmeverluste des Materials mit der größeren Wärmeleitfähigkeit werden also durch die Auskühlungsverluste stärker erhöht als bei dem Material mit der niedrigeren Wärmeleitzahl. Die Verwendung des letzteren ist daher bei unterbrochenem Betrieb besonders vorteilhaft.

B. Betriebstechnische Vergleichs- grundlagen

1. Betriebstechnische Gesichtspunkte für den Vergleich von Wärmeschutzangeboten.

Bei dem rein wirtschaftlichen Vergleich gingen alle Betrachtungen von der Voraussetzung aus, daß weder die wärmeschutztechnische Leistung, z. B. die Wärmeverluste in isoliertem Zustand, die Wärmeersparniszahl oder der Temperaturverlust, noch die Anlagekosten der Isolierung, sondern nur die insgesamt entstehenden jährlichen Aufwendungen die Wirtschaftlichkeit eines Wärmeschutzes kennzeichnen. Es ist unter diesem Gesichtspunkt auch durchaus möglich, daß ein Isoliermaterial wegen seines niedrigeren Preises im Vergleich zu einem anderen wirtschaftlicher ist, obwohl es, wiederum im Vergleich zu dem anderen Material, bei seiner wirtschaftlichsten Isolierstärke die höheren Wärmeverluste hat. Die Kosten der Wärmeverluste werden dabei als rein wirtschaftliche Größe gewertet, was nur dann zulässig ist, wenn die verloren gehenden Wärmemengen ohne technische Schwierigkeiten und ohne Schädigung des Betriebes jederzeit durch erhöhte Erzeugung von Wärmeenergie wieder ersetzt werden können. Wo diese Voraussetzungen nicht zutreffen, vielmehr an eine Isolierung bestimmte betriebstechnische Forderungen gestellt werden, die mit den Grundlagen des Wirtschaftlichkeitsvergleichs nicht in Einklang stehen, muß die Auswahl zwischen Wärmeschutzangeboten nach anderen Gesichtspunkten erfolgen.

Häufig vorkommende Fälle betriebstechnischer Forderungen sind:

1. Der Temperaturverlust des Wärmeträgers (Gas, Dampf oder tropfbare Flüssigkeit) darf mit Rücksicht auf die Verbrauchsapparate oder um Kondensieren, Einfrieren oder Auskristallisieren des Wärmeträgers zu vermeiden, eine bestimmte Höchstgrenze nicht überschreiten.

2. Das isolierte Objekt darf mit Rücksicht auf eine bestimmte Raumtemperatur nur eine bestimmte Wärme abgeben.

In beiden Fällen wird also von dem Wärmeschutz eine bestimmte höchstzulässige Wärmeabgabe, d. h. eine bestimmte Mindestleistung, verlangt. Um eine Entscheidung zwischen verschiedenen Isolierungen zu treffen, hat man die für die verlangte Leistung notwendige Isolierstärke zu ermitteln und die diesen Isolierstärken entsprechenden Anlagekosten zu vergleichen. Einer der häufigsten Fälle dieser Art sind Isolierungen von sehr langen Dampfleitungen; in der Großindustrie sind Rohrleitungen vor allem für überhitzten Dampf von 1000 m und noch größerer Länge heute keine Seltenheit mehr. Die vom rein wirtschaftlichen Standpunkt ermittelten Isolierstärken ergeben, insbesondere, wenn mit niedrigem Wärmepreis und hoher Amortisations- und Verzinsungsquote gerechnet wird, häufig Wärmeverluste von solcher Höhe, daß sie bei der großen Rohrlänge einen vom betriebstechnischen Standpunkt nicht mehr zulässigen Temperaturverlust zur Folge haben. Hier muß die Berechnung der Isolierstärke und auch ein Vergleich zwischen verschiedenen Isolierungen nach rein betriebstechnischem Gesichtspunkt, d. h. unter Zugrundelegung eines höchstzulässigen Wärmeverlustes, vorgenommen werden.[12])

3. Die Stärke der Isolierung ist mit Rücksicht auf einen bestimmten verfügbaren Raum begrenzt; auch kann die höchstzulässige Belastung des zu schützenden Objekts für die Isolierstärke maßgebend sein.

In einem solchen Fall, der z. B. häufig bei Schiffsisolierungen zu finden ist, kann der Vergleich zwischen verschiedenen Angeboten, wenn nicht andere betriebstechnische Forderungen gleichzeitig erhoben werden, nach den Gesamtkosten der wirtschaftlichsten Isolierstärke erfolgen; dabei sind aber die Isolierungen, deren wirtschaftlichste Isolierstärke — oder deren Gewicht — größer als der zulässige Wert ist, von vornherein auszuscheiden.

In allen drei bisherigen Fällen sind hochwertige Isolierungen besonders geeignet.

4. Die wärmestauende Wirkung der Isolierung darf wegen der Temperaturempfindlichkeit des isolierten Objekts nicht zu groß werden.

Hier liegen die Verhältnisse gerade umgekehrt, da die Wärmeverluste eine bestimmte Mindestgrenze nicht unterschreiten dürfen. Bei einem Wärmeschutz mit geringer Wärmeleitfähigkeit ergeben sich dabei oft sehr geringe Isolierstärken, die gegenüber einem Material mit höherer Wärmeleitzahl nicht so vorteilhaft sind, wie es bei den für eine hohe wärmeschutztechnische Leistung notwendigen großen Isolierstärken der Fall ist.[13])

2. Berechnung gleichwertiger Isolierstärken.

Isolierstärken verschiedener Wärmeschutzstoffe sind dann gleichwertig, wenn sie für ein und denselben Fall gleich hohe Wärmeverluste ergeben.

---

[12]) Vgl. hierzu das Zahlenbeispiel Seite 10 u. 11.
[13]) Vgl. hierzu die Preiskurven für Isolierungen auf Seite 54.

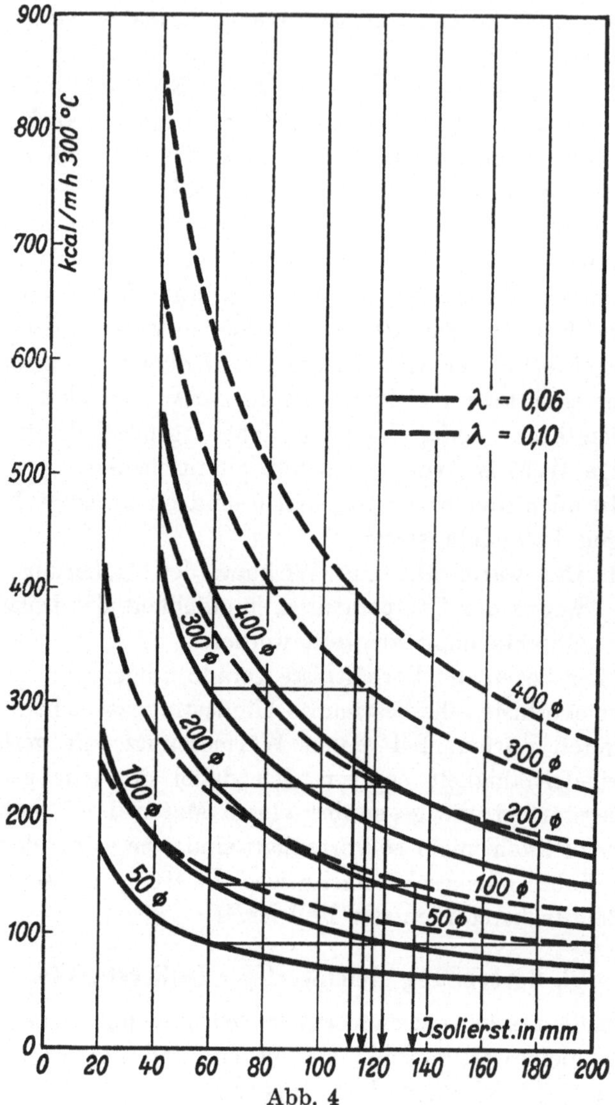

Abb. 4

Diagramm zur Ermittlung gleichwertiger Isolierstärken für zwei
Wärmeleitzahlen (λ = 0,06 u. λ = 0,10) bei verschiedenen Rohrdurchmessern.

38

Bei ebenen Wänden gilt die einfache Beziehung:

$$\frac{s_1}{s_2} = \frac{\lambda_1}{\lambda_2},$$

wenn s_1 und s_2 die Isolierstärken, λ_1 und λ_2 die Wärmeleitzahlen bedeuten; die gleichwertigen Isolierstärken stehen also im gleichen Verhältnis wie die Wärmeleitfähigkeiten.

Für zylindrische Wände gilt diese Gleichung nicht; auch die häufig verwendete Beziehung:

$$\frac{ln\,\dfrac{d_{a1}}{d_i}}{ln\,\dfrac{d_{a2}}{d_i}} = \frac{\lambda_1}{\lambda_2},$$

wenn d_{a1} und d_{a2} die äußeren und d_i den inneren Isolierungsdurchmesser bedeuten, ergibt wegen des Einflusses der Oberflächentemperatur, vor allem bei kleinen Rohrdurchmessern, nur angenäherte Werte. Am besten bedient man sich eines Diagramms, wie es in Abb. 4 für zwei verschiedene Wärmeleitzahlen ($\lambda = 0{,}06$ und $\lambda = 0{,}10$), für verschiedene Rohrdurchmesser und für eine Temperaturdifferenz Rohr — Luft von 300^0 dargestellt ist.

Zu einer bestimmten Isolierstärke des Materials mit $\lambda = 0{,}06$ ergeben sich daraus z. B. für das Material mit $\lambda = 0{,}10$ die auf der nächsten Seite zusammengestellten gleichwertigen Isolierstärken und Kosten der Isolierung pro 1 m Rohrlänge, wiederum bei Annahme der Preistabelle auf Seite 10.

Man erkennt an den prozentualen Werten deutlich den Einfluß, den der Rohrdurchmesser auf das Ergebnis eines Vergleichs gleichwertiger Isolierstärken hat; es ist also notwendig, bei Rohrisolierungen nicht Quadratmeterpreise, sondern die Preise pro Meter Rohrlänge bei gleichwertiger Isolierstärke zum Vergleich heranzuziehen.

	Rohrdurchmesser in mm				
	50	100	200	300	400
Gleichwert. Isol.-St. mm					
$\lambda = 0,06$	60	60	60	60	60
$\lambda = 0,10$	ca. 200	134	125	116	114
Anlagekosten RM./m					
$\lambda = 0,06$	8,90	11.44	16.91	22.02	27.15
$\lambda = 0,10$	ca. 25.80	16.54	19.76	22.38	26.12
Anlagekosten %					
$\lambda = 0,06$	100	100	100	100	100
$\lambda = 0,10$	ca. 290	145	116,8	101,6	96,2

3. Betriebstechnischer Vergleich von Wärmeschutzangeboten bei Dauerbetrieb und unterbrochener Betriebsweise.

Die Abhängigkeiten des Ergebnisses eines betriebstechnischen Vergleichs sind ziemlich verwickelt. Zunächst ist hinsichtlich der Betriebsart ein grundsätzlicher Unterschied zu machen.

a) Dauerbetrieb.

Bei Dauerbetrieb sind Wärmepreis und jährliche Betriebszeit ohne Bedeutung, da die Einheiten der wärmeschutztechnischen Leistung von diesen Größen unabhängig sind. Falls nicht eine unterschiedliche Lebensdauer der einzelnen angebotenen Isolierungen berücksichtigt werden muß, können an Stelle der Jahreskosten unmittelbar die Anlagekosten der Isolierungen verglichen werden; dann scheidet die Amortisations- und Verzinsungsquote aus den das Vergleichsergebnis beeinflussenden Größen ebenfalls aus.

Bei gegebenen Wärmeleitzahlen und Anlagekosten der Isolierungen treten die Vorteile des Materials mit der

40

niedrigeren Wärmeleitzahl gegenüber demjenigen mit der höheren Wärmeleitzahl um so eher in Erscheinung, je

kleiner der Rohrdurchmesser,

höher die Temperatur des Wärmeträgers und je

höher die verlangte wärmeschutztechnische Leistung ist.

Dabei kann der Fall eintreten, daß bei geringer Leistung das Material mit der höheren Wärmeleitzahl, bei hoher Leistung dagegen das mit der niedrigeren das billigere ist. Bei einer bestimmten, zwischen beiden liegenden Leistung sind dann die Anlagekosten beider gleich; diese Leistung kann man als wirtschaftliche Grenzleistung bezeichnen. Sie ist die obere Grenze für das Gebiet geringer wärmeschutztechnischer Leistung, innerhalb dessen das Material mit der höheren Wärmeleitzahl (Angebot 2) billiger ist, und die untere Grenze für das Gebiet großer Leistung, die dem Material mit der niedrigeren Wärmeleitzahl (Angebot 1) vorbehalten bleibt.

In Abb. 5 ist die wirtschaftliche Grenzleistung für die beiden Angebote nach dem Zahlenbeispiel auf Seite 10 ermittelt.

Die auf der Abszisse aufgetragene wärmeschutztechnische Leistung ist ausgedrückt in:

Wärmeverlust in kcal/m h,

Wärmeersparniszahl in % der Wärmeverluste des nackten Rohres und

Temperaturverlust in °C pro 1 m Rohrlänge.

Dabei ist mit einer Dampfmenge von etwa 7,5 t/h und mit einem Wärmeverlust des nackten Rohres von etwa 4000 kcal/m h gerechnet.

Auf der Ordinate sind die zu der jeweiligen Leistung notwendigen Isolierstärken der beiden Angebote (s_1, s_2) und die Anlagekosten ($\Re_1$, $\Re_2$) aufgetragen.

Der Schnittpunkt der beiden Kurven der Anlagekosten

ergibt auf der Abszisse die wirtschaftliche Grenzleistung der beiden Angebote.[13a])

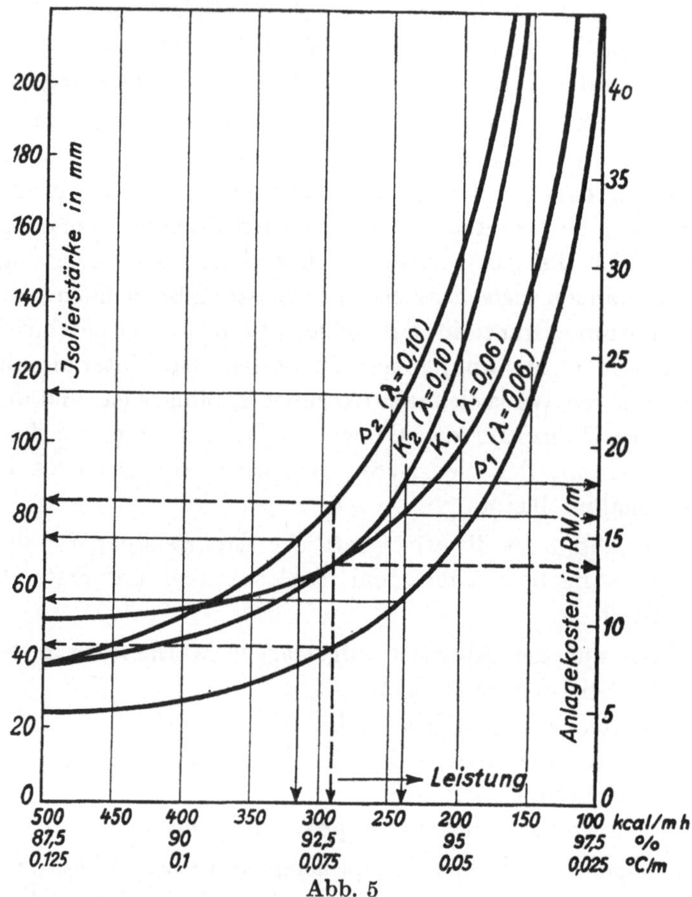

Abb. 5

Wirtschaftliche Grenzleistung von zwei Wärmeschutzangeboten ($\lambda = 0,06$ u. $\lambda = 0,10$) bei Dauerbetrieb.

[13a]) Zur Darstellung eines solchen Diagramms zeichnet man zunächst die Wärmeverlustkurve in Abhängigkeit von der Isolierstärke auf. Sodann rechnet man, wenn nicht die Wärmeverluste selbst als Maßstab der Leistung gewählt sind, diese auf die

Für mehrere verschieden hohe Leistungen ergibt sich aus Abb. 5:

Wärmeverlust kcal/m h .	450	400	350	300	292	250	200	150
Wärmeersparniszahl %...	88,75	90	91,25	92,5	92,7	93,75	95	96,25
Temperaturverlust °/m. ..	0,1125	0,1	0,0875	0,075	0,073	0,0625	0,05	0,0375
Gleichwert. Isol.-St. mm								
Angebot 1 $\lambda = 0,06$	25	28	33	41	43	53	74	111
Angebot 2 $\lambda = 0,10$	43	52	63	80	85	106	157	253
Anlagekosten RM./m								
Angebot 1 $\lambda = 0,06$	10.45	10.95	11.75	13.20	13.50	15.50	19.90	29.05
Angebot 2 $\lambda = 0,10$	8.14	9.18	10.50	12.77	13.50	16.60	25.70	48.—
Anlagekosten %								
Angebot 1 $\lambda = 0,06$	100	100	100	100	100	100	100	100
Angebot 2 $\lambda = 0,10$	77,9	83,8	89,4	96,7	100	107,1	129,1	165,3

Die wirtschaftliche Grenzleistung liegt demnach bei einer ziemlich hohen Leistung, die am anschaulichsten durch die Wärmeersparniszahl (92,7 %) gekennzeichnet ist. Bei verändertem Rohrdurchmesser, ebenso bei anderer Temperatur des Wärmeträgers, ergeben sich natürlich andere Grenzleistungen; dabei ist der Einfluß des Durchmessers größer als derjenige der Temperatur.

b) Unterbrochene Betriebsweise.

Bei unterbrochener Betriebsweise läßt sich der Vergleich nach den Anlagekosten der gleichwertigen Isolierstärken nicht durchführen. Die vom betriebstechnischen Standpunkt von einer Wärmeschutzanlage geforderte bestimmte Leistung bezieht sich naturgemäß nur auf die eigentliche Betriebszeit, während die zusätzlichen Auskühlungsverluste in den Betriebspausen und ebenso die Verminderung der Wärmeverluste beim Anheizen keinen nachteiligen Einfluß

gewünschte Einheit der Leistung um, entnimmt den Abszissen der Wärmeverlustkurve die notwendigen Isolierstärken und berechnet die zugehörigen Anlagekosten. Die Wärmeverlustkurve für das vorliegende Beispiel ist in Abb. 4, Seite 38, abgebildet (Rohrdurchmesser 200 mm).

auf die Betriebsführung haben.[14]) Anderseits verursachen aber diese zusätzlichen Verluste Mehrausgaben, die in der Vergleichsrechnung nicht vernachlässigt werden dürfen. Da die Kosten der Auskühlungsverluste mit Zahl und Länge der einzelnen Betriebsunterbrechungen steigen, muß man sie für einen bestimmten Zeitraum, etwa ein Jahr, ermitteln, sie dann aber nicht zu den Anlagekosten, sondern zu den Jahreskosten der Isolierung hinzurechnen. Es kann bei dem Vergleich für Dauerbetrieb als vorteilhaft empfunden werden, daß der Wärmepreis und die Amortisations- und Verzinsungsquote, also Größen, die nur mit einer mehr oder weniger großen Genauigkeit ermittelt werden können, das Vergleichsergebnis nicht beeinflussen; bei unterbrochener Betriebsweise ist ihre Kenntnis jedoch für die zahlenmäßig richtige Bewertung der zusätzlichen Auskühlungsverluste notwendig.

Bei gegebenen Wärmeleitzahlen und Anlagekosten treten die Vorteile des Materials mit niedrigerer Wärmeleitzahl um so mehr in Erscheinung, je

höher der Wärmepreis,

niedriger die Amortisations- und Verzinsungsquote,

größer die Zahl und Länge der jährlichen Betriebsunterbrechungen ist.

Der Einfluß des Rohrdurchmessers und der Temperatur ist der gleiche wie bei Dauerbetrieb.

Die wirtschaftliche Grenzleistung ist für unterbrochene Betriebsweise bei sonst gleichen Verhältnissen grundsätzlich geringer als bei Dauerbetrieb.[15])

---

[14]) Der Anheizvorgang vollzieht sich allerdings während der eigentlichen Betriebszeit; jedoch kann hieraus kein Nachteil in betriebstechnischer Hinsicht entstehen, zumal eine ausreichende Annäherung an den Beharrungszustand ziemlich bald erreicht ist.

[15]) Obwohl bei Dauerbetrieb die Anlagekosten, bei unterbrochener Betriebsweise die Jahreskosten der Isolierung zum Vergleich

Für das gleiche Zahlenbeispiel wie bei Dauerbetrieb ist die wirtschaftliche Grenzleistung in Abb. 6 für unter-

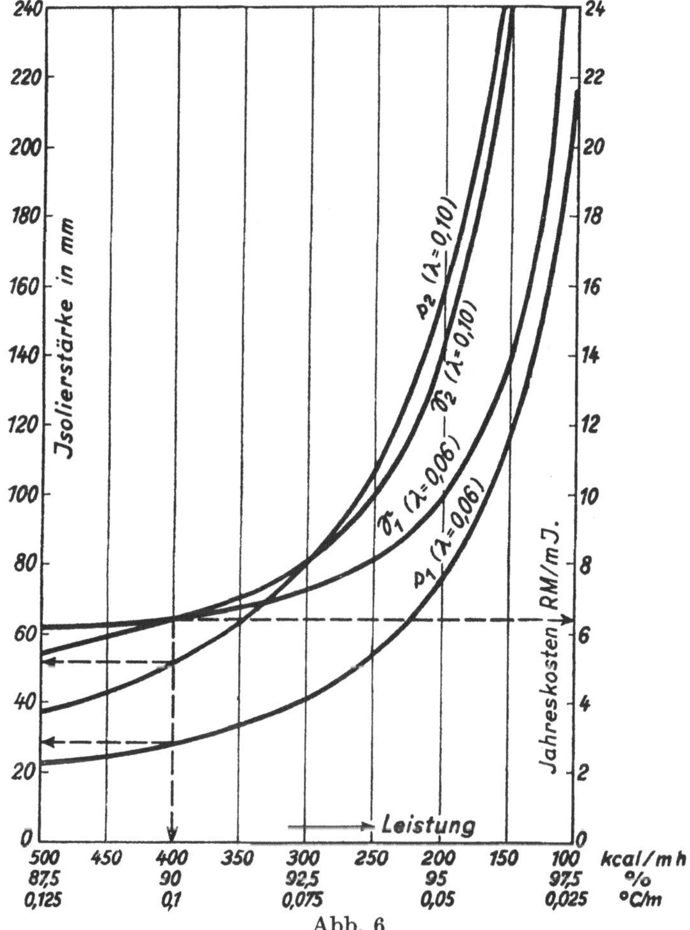

Abb. 6

Wirtschaftliche Grenzleistung von zwei Wärmeschutzangeboten ($\lambda = 0,06$ u. $\lambda = 0,10$) bei unterbrochener Betriebsweise.

herangezogen sind, ist ein Vergleich beider Grenzleistungen ohne weiteres möglich, da bei Dauerbetrieb die Amortisations- und Verzinsungsquote ohne Einfluß ist. Das Gleiche gilt bezüglich des Wärmepreises.

brochene Betriebsweise ermittelt. Dabei ist wieder wie auf Seite 31 gerechnet mit:

Wärmepreis 5 RM. pro 10^6 kcal,

Amortisations- und Verzinsungsquote 40 %,

tägliche Betriebszeit 10 h,

tägliche Betriebspause 14 h,

Anzahl der Betriebsunterbrechungen 300/Jahr,

Betriebszeit 3000 h/Jahr.

Auf der Abszisse ist wieder die Leistung des Wärmeschutzes (Wärmeverlust, Wärmeersparniszahl, Temperaturverlust), auf der Ordinate sind die Isolierstärken der beiden Angebote (s_1, s_2), sowie die Gesamtkosten ($\mathfrak{S}_1$, $\mathfrak{S}_2$) aufgetragen; diese ergeben sich aus der Summe der Jahreskosten für die Isolierung ($\mathfrak{K}_1$, $\mathfrak{K}_2$) und der zusätzlichen Kosten $(A - E)_1$, $(A - E)_2$ für die Auskühlungsverluste während der Betriebspausen, vermindert um die Ersparnisse beim Anheizen.[16])

Für die gleichen Leistungen wie bei Dauerbetrieb angenommen ergibt sich dann die Zusammenstellung auf der folgenden Seite.

Die Isolierstärken sind die gleichen geblieben, wie bei Dauerbetrieb, aber das Verhältnis der Kosten beider Angebote hat sich stark verändert. Die wirtschaftliche Grenzleistung ist bedeutend geringer, sie ergibt einen um ein Drittel höheren Wärmeverlust wie diejenige bei Dauerbetrieb; die Wärmeersparniszahl ist um 2,7 % geringer. Das Angebot 2, $\lambda = 0{,}10$ bietet nur noch bei sehr geringer Leistung Vorteile.

Das Verhältnis der Kosten des Angebots 2, $\lambda = 0{,}10$, zu denjenigen des Angebots 1, $\lambda = 0{,}06$, für Dauerbetrieb und

---

[16]) Auf die Darstellung der Kurven $\mathfrak{K}$ $(_1,\,_2)$ und $A-E$ $(_1,\,_2)$ in Abb. 6 ist wegen der besseren Übersichtlichkeit verzichtet; die Größen $A-E$ sind der Zahlentafel auf Seite 32 entnommen.

unterbrochene Betriebsweise zeigt Abb. 7 (Siehe Seite 48); dabei ist die Leistung wieder auf der Abszisse aufge-

Wärmeverl. kcal/m h..	450	400	350	300	250	200	150
Wärmeersparniszahl %	88,75	90	91,25	92,5	93,75	95	96,25
Temperaturverl. °/m ..	0,1125	0,1	0,0875	0,075	0,0625	0,05	0,0375
Gleichwertige Isolierstärke mm							
Angebot 1: $\lambda = 0,06$	25	28	33	41	53	74	111
Angebot 2: $\lambda = 0,10$	43	52	63	80	106	157	253
Jahreskosten f. d. Isolierung RM./m J. ($\Re_1$, $\Re_2$)							
Angebot 1: $\lambda = 0,06$	4.18	4.38	4.54	5.28	6.20	7.96	11.62
Angebot 2: $\lambda = 0,10$	3.24	3.67	4.20	5.11	6.64	10.30	19.20
Zusätzliche Jahreskost. $A—E$ $(_1, _2)$ RM./m J.							
Angebot 1: $\lambda = 0,06$	2.04	2.03	2.03	2.02	2.00	1.98	1.93
Angebot 1: $\lambda = 0,10$	2.67	2.75	2.85	3.01	3.25	3.72	4.57
Gesamtjahreskosten $\mathfrak{S}_1$, $\mathfrak{S}_2$, RM./m J.							
Angebot 1: $\lambda = 0,06$	6.22	6.41	6.57	7.30	8.20	9.94	13.55
Angebot 2: $\lambda = 0,10$	5.91	6.42	7.05	8.12	9.89	14.02	23.77
Gesamtjahreskosten $\mathfrak{S}_1$, $\mathfrak{S}_2$ %							
Angebot 1: $\lambda = 0,06$	100	100	100	100	100	100	100
Angebot 2: $\lambda = 0,10$	95,0	100,0	107,3	111,2	120,6	141,1	175,5

tragen und die Gesamtkosten des Angebots 2 in Prozent der Kosten des Angebots 1 auf der Ordinate.[17])

4. Lösung betriebstechnischer Aufgaben.

Hat man für gegebene Wärmeleitzahlen und Anlagekosten ein Diagramm nach Abb. 5 und 6 ermittelt, so lassen

---

[17]) Ein solcher Vergleich ist ebenso möglich wie ein Vergleich der wirtschaftlichen Grenzleistungen. Vgl. Anmerkung [15]).

sich alle praktisch möglichen Fälle betriebstechnischer Untersuchungen leicht überblicken.

Angenommen, es handle sich um die Isolierung auf einem Schiff, wo eine maximale Konstruktionsstärke der

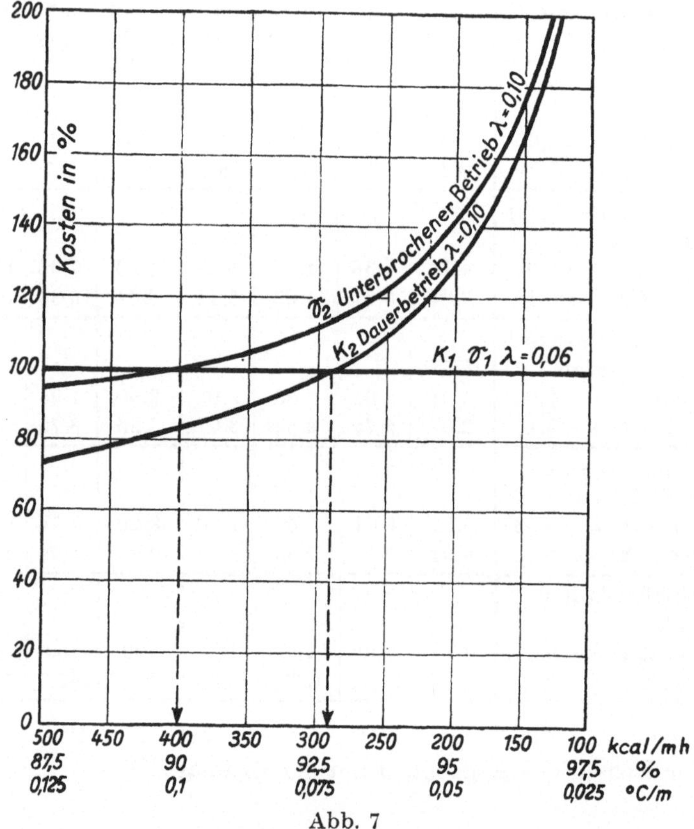

Abb. 7

Verhältnis der Anlagekosten von zwei Wärmeschutzangeboten mit äquivalenten Isolierstärken ($\lambda = 0,06$ u. $\lambda = 0,10$) in Abhängigkeit von der wärmeschutztechnischen Leistung bei Dauerbetrieb und unterbrochener Betriebsweise.

Isolierung von 75 mm, zur möglichst geringen Erwärmung des Raumes außerdem ein maximaler Wärmeverlust von

200 kcal/m h vorgeschrieben ist, so zeigt z. B. ein Blick auf Abb. 5 sofort: Die gestellte Aufgabe läßt sich mit dem Angebot 1, $\lambda = 0{,}06$, gerade noch lösen; verwendet man dagegen das Material des Angebots 2, $\lambda = 0{,}10$, so wäre zur Einhaltung der verlangten Leistung eine Isolierstärke von 157 mm erforderlich, oder umgekehrt, bei der vorgeschriebenen Stärke von 75 mm ergibt sich ein um 58 % höherer Wärmeverlust von 315 kcal/mh. Das Material mit der höheren Wärmeleitzahl muß daher zur Lösung dieser Aufgabe ausscheiden.

Interessant ist auch ein Vergleich der für eine Rohrleitung berechneten Isolierstärke und des sich daraus ergebenden Temperaturverlustes bei großer Rohrlänge sowie der Gesamtkosten, wenn erstens die wirtschaftlichste Isolierstärke, zweitens die vom betriebstechnischen Standpunkt — Einhaltung eines maximalen Temperaturverlustes — notwendige Isolierstärke gewählt wird.

Es handle sich um eine Dampfleitung von 300° Dampftemperatur, $p = 16$ at, 200 mm Rohrdurchmesser und 1000 m Länge im Dauerbetrieb. Die stündlich durchströmende Dampfmenge sei 7,5 t/h. Wärmepreis 2 RM./10^6 kcal, also sehr niedrig. Amortisations- und Verzinsungsquote 40 %.

Für die beiden bekannten Angebote $\lambda = 0{,}06$ und 0,10, ergibt dann die wirtschaftlichste Isolierstärke (nach der Zahlentafel Seite 16):

	Angebot 1 $\lambda = 0{,}06$	Angebot 2 $\lambda = 0{,}10$
Wirtschaftlichste Isolierstärke mm .	48	70
Wärmeverlust kcal/m h	269	330
Temperaturverlust °/1000 m	67	83 [18]
Gesamtjahreskosten RM./m Jahr .	10,53	10,35
Gesamtjahreskosten %	100	98,3

[18] Dabei ist die Dampftemperatur von 300° der Einfachheit halber gleich der mittleren Temperatur der ganzen Rohrstrecke

Sind vom betriebstechnischen Standpunkt diese Temperaturverluste zu hoch, und ein maximaler Verlust von 60 °/1000 m erwünscht, was einem Wärmeverlust von 240 kcal/m h entspricht, so ergibt das Diagramm in Abb. 5:

	Angebot 1 $\lambda = 0{,}06$	Angebot 2 $\lambda = 0{,}10$
Für die verlangte Leistung notwend. Isolierstärke mm	56	115
Anlagekosten der Isolierung RM./m .	16,05	18,05
Anlagekosten der Isolierung % . .	100	112,5

Bei dem Vergleich der wirtschaftlichsten Isolierstärken, die aber zu hohe Temperaturverluste ergeben, war Angebot 2, $\lambda = 0{,}10$, um 1,7 % billiger; bei dem Vergleich vom betriebstechnischen Standpunkt aus, mit ausreichender wärmeschutztechnischer Leistung, ist es dagegen um 12,5 % teurer als das Angebot 1 mit $\lambda = 0{,}06$.

gesetzt worden; die Abweichung gegenüber der genaueren Berechnung des Temperaturverlustes in langen Rohrleitungen ändert aber an dem Ergebnis des Beispiels nichts.

Bezüglich des Temperaturverlustes in langen Rohrleitungen vgl. „Wärme- und Kälteschutz in Wissenschaft und Praxis"; herausgegeben von den Deutschen Prioform Werken, Köln 1928, Seite 56 ff.

C. Ermittlung der Kosten von Wärmeschutzanlagen

Der Einfluß der Kosten des Wärmeschutzes auf das Ergebnis einer Vergleichsberechnung liegt auf der Hand. Bei gleichbleibender Güte der Isolierung hat eine Herabsetzung des Preises beim Wirtschaftlichkeitsvergleich immer eine Erhöhung der wirtschaftlichsten Isolierstärke und, damit verbunden, eine Verminderung der Jahreskosten für die Wärmeverluste und der Gesamtjahreskosten zur Folge; beim betriebstechnischen Vergleich zwischen zwei Isolierungen steigt die wirtschaftliche Grenzleistung mit abnehmendem Preis des wärmetechnisch ungünstigeren Materials, mit abnehmendem Preis des anderen fällt sie.

Bei dem großen Einfluß des Wärmeschutzpreises auf alle derartige Untersuchungen ist es notwendig, die Kosten einer Isolierung unter Berücksichtigung aller Einzelheiten möglichst genau zu ermitteln.

1. Kosten für Hauptleistungen.

Die Hauptleistungen setzen sich zusammen aus der Lieferung des Materials (Materialanteil), der Montage an dem zu schützenden Objekt (Lohnanteil) und den insgesamt entstehenden Unkosten einschließlich des Gewinns (Unkosten- und Gewinnanteil). Während der letztere Anteil sich nach allgemeinen wirtschaftlichen Verhältnissen und denen des Unternehmers, ferner nach der Größe der her-

zustellenden Anlage und zum Teil auch nach den besonderen
Montagebedingungen richtet, sind für den Materialanteil
und den Lohnanteil die technischen und konstruktiven
Eigenschaften des Wärmeschutzverfahrens maßgebend.

2. Charakteristische Preiskurven für Wärmeschutzverfahren.

Die Kosten und Preise des Wärmeschutzes richten sich
bei allen Verfahren in erster Linie nach der Isolierstärke.
Trägt man die Preise einer Isolierung in einem Diagramm
in Abhängigkeit von der Isolierstärke auf, so erhält man
eine Kurve, die für die konstruktiven Besonderheiten und
die sich hieraus ergebende Preiskalkulation des Verfahrens
charakteristisch ist. Dabei ist weniger die absolute Höhe
der Kurve kennzeichnend, sondern mehr ihre Neigung zur
Horizontalen, die die Preiszunahme bei einer bestimmten
Erhöhung der Isolierstärke angibt.

Alle Preiskurven verlaufen in allgemeinster Form nach
der Beziehung:

$$K = A + B \cdot s^n \qquad \text{in RM./m}^2,$$

worin bedeuten:

K den Preis der Isolierung bei der Isolierstärke s in
RM./m²,

A den theoretischen Grundpreis der Isolierung bei der
Isolierstärke $s = 0$ in RM./m²,

B ein die Preiszunahme mit der Isolierstärke kennzeichnender Koeffizient,

n ein die Preiszunahme mit der Isolierstärke kennzeichnender Exponent, und

s die Isolierstärke in cm.

Je nach den Eigenschaften der einzelnen Verfahren sind
die Größen A, B und n verschieden. Bei einer Preissteigerung, die über alle Isolierstärken gleich bleibt, ist $n = 1$;

52

die Kurve verläuft linear. Steigt die Preiskurve mit zunehmender Isolierstärke immer schneller, d. h. ist die Preissteigerung für eine bestimmte Erhöhung der Isolierstärke bei kleinen Isolierstärken kleiner, bei großen Isolierstärken dagegen größer, so ist $n > 1$; steigt die Kurve mit zunehmender Isolierstärke immer langsamer, so ist $n < 1$.

In Abb. 8 (siehe Seite 54) sind vier aus der Praxis entnommene Preiskurven dargestellt; dabei ist:

	A	B	n
Kurve 1 (steigt linear)	7,40	0,78	1
„ 2 (steigt linear, jedoch langsamer) .	6,00	0,60	1
„ 3 (steigt mit zunehmender Isolierstärke langsamer)	8,85	1,80	0,8
„ 4 (steigt mit zunehmender Isolierstärke schneller)	0,40	1	1,1

Kurve 1 findet man bei Isolierungen mit Formstücken (Steinen, Schalen, Platten usw.) aus hochwertigem, teurem Material. Die Materialkosten steigen, z. B. infolge erhöhter Brenn- oder Formkosten, mit zunehmender Isolierstärke immer schneller; die Preiskurve des Materialanteils am Gesamtpreis würde daher eine nach oben gekrümmte Kurve ergeben. Die Lohnkosten dagegen steigen z. B., weil die Formstücke mit zunehmender Stärke größer dimensioniert und daher auch in kürzerer Zeit aufgebracht werden können, mit zunehmender Isolierstärke immer langsamer an; hieraus entsteht die gleichmäßig steigende lineare Preiskurve der Gesamtkosten. Der Materialanteil am Gesamtpreis beträgt bei einer solchen Isolierung im Mittel etwa 60 %.

Kurve 2 gilt ebenfalls für eine Isolierung mit Formstücken; die Lohnkosten sind die gleichen, jedoch hat das verwendete Material durchschnittlich nur zwei Drittel des Wertes vom Material der Kurve 1; der Materialanteil an den Gesamtkosten beträgt etwa 50 % im Mittel.

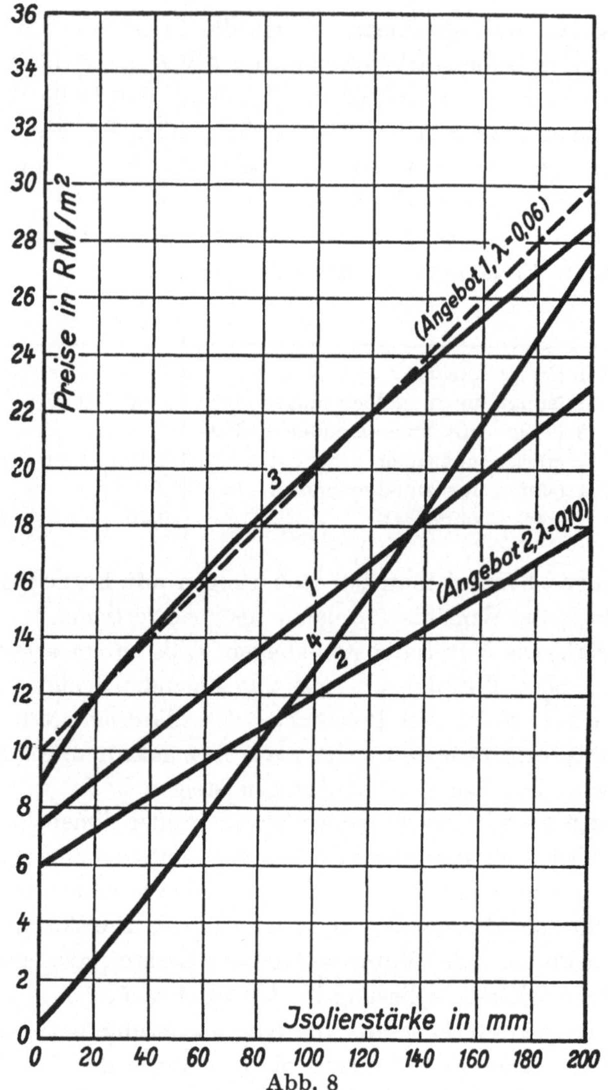

Abb. 8

Charakteristische Preiskurven von Wärmeschutzverfahren.
Kurve 1: Isolierung mit Formstücken (Steinen, Schalen)
    „   2:   „   „   „   „   „
    „   3: Trockenstopfisolierung
    „   4: Isolierung mit Wärmeschutzmasse.

Kurve 3 stellt die Preise einer hochwertigen Trockenstopfisolierung dar. Der Grundpreis ist ziemlich hoch. Die
Materialkosten steigen etwas schneller als die Isolierstärken,
weil das Massenverhältnis $\dfrac{\text{Füllstoff}}{\text{Mantelstoff}}$ mit steigender Isolierstärke zunimmt. Die Lohnkosten für den Aufbau der Stützkonstruktion und für das Einbringen des Füllstoffes steigen
jedoch wesentlich langsamer als die Isolierstärken; hierdurch entsteht eine schwach nach unten gekrümmte Kurve.

Kurve 4 findet man bei Isolierungen mit plastischer
Wärmeschutzmasse. Der Materialanteil an dem Gesamtpreis, an sich ziemlich gering, steigt im gleichen Verhältnis
mit der Isolierstärke; der Lohnanteil steigt jedoch wegen
der verlangsamten Trocknung bei zunehmender Isolierstärke in immer stärkerem Maße. Die Preiskurve ist nach
oben gekrümmt. Während z. B. der Preis der Kurve 4 bei
40 mm Isolierstärke nur 35 % des Preises der Trockenstopfisolierung beträgt, erreicht er bei etwa 120 mm schon 70 %
dieses Preises (Kurve 3); die Preisunterschiede zwischen
beiden werden mit zunehmender Isolierstärke daher immer
geringer. Das ist in vielen Fällen der Praxis einer der
Gründe, weshalb gerade plastische Massen bei geringer
wärmeschutztechnischer Leistung und geringer Isolierstärke
vorteilhafter sind als andere Isolierungen, während sie bei
großer Leistung und großer Isolierstärke zu teuer werden.

Kurve 1, 2 und 3 haben unterhalb etwa 30 mm, Kurve 4
unterhalb etwa 10 mm, keine praktische Bedeutung, da
sich so geringe Konstruktionsstärken nicht ausführen lassen.
Ebenso hat der Grundpreis A bei der Isolierstärke $s = 0$
nur theoretischen Wert.

In der Abb. 8 ist noch die Preiskurve des für die Zahlenbeispiele angenommenen Angebots 1, $\lambda = 0{,}06$ eingetragen;
sie entspricht etwa der einer Trockenstopfisolierung

(Kurve 3). Das Angebot 2 mit $\lambda = 0,10$ entspricht der Kurve 2 der Abb. 8.

3. Kosten für Nebenleistungen.

In der Praxis werden häufig eine ganze Reihe von Leistungen bei der Ermittlung der Gesamtkosten als nebensächlich angesehen und bei dem Vergleich der Kosten verschiedener Wärmeschutzangebote unberücksichtigt gelassen. Der Einfluß der durch solche Nebenleistungen entstehenden Kosten auf den tatsächlichen Gesamtpreis einer Isolierung kann aber so bedeutend sein, daß diese im Interesse der Genauigkeit eines Vergleichs nicht vernachlässigt werden sollten; im anderen Falle kann sich eine falsche wirtschaftlichste Isolierstärke oder ein falsches Bild von der Wirtschaftlichkeit des einen oder anderen Verfahrens ergeben. Als solche Nebenleistungen mögen genannt sein:

a) **Stellung von Hilfsarbeitern für die Montage.**

Häufig werden die zur Montage notwendigen Hilfsarbeiten nicht von der die Anlage ausführenden Wärmeschutzfirma, sondern von bodenständigen Arbeitskräften (eigene Arbeiter des Werks) ausgeführt. Eine Vernachlässigung der dadurch entstehenden Kosten ist schon deshalb unzweckmäßig, weil der Lohnarbeitsanteil am Gesamtpreis und damit auch die durch die Hilfskräfte auszuführenden Nebenleistungen bei der grundsätzlichen Verschiedenheit der Wärmeschutzverfahren in erheblichen Grenzen schwanken können.

b) **Transportkosten.**

Die Transportkosten für die Anlieferung der Wärmeschutzmaterialien bis zur nächsten Bahnstation werden wohl allgemein, wenn es sich um die Ausführung eines

56

fertigen sogenannten Montageauftrags handelt, in dem Preis des Wärmeschutzes bei der Abgabe des Angebots einbegriffen. Häufig bleiben dagegen die Kosten für die Heranschaffung der Materialien von der Entladestation bis zur Baustelle unberücksichtigt. Eine solche Vernachlässigung ist aber geeignet, die tatsächlichen Preisunterschiede zu verschleiern. Transportkosten richten sich normalerweise nach dem zu befördernden Gewicht, oder, wenn es sich, wie bei Wärmeschutzstoffen, um Material von sehr geringem Raumgewicht handelt, nach dem Rauminhalt. Die Transportkosten sind also bei leichten und in geringer Konstruktionsstärke verwendeten Stoffen von geringer Leitfähigkeit niedriger als bei solchen mit höherer Wärmeleitzahl, eine Tatsache, die im Interesse der Genauigkeit eines Vergleichs nicht vernachlässigt werden darf.

Auch muß die Empfindlichkeit des Isoliermaterials gegenüber den Beanspruchungen des Transports berücksichtigt werden. Steine, Schalen und sonstige Formstücke erfordern vorsichtigeren und kostspieligeren Transport als Wärmeschutzmasse oder lose Füllstoffe. Eine Außerachtlassung dieser Unterschiede würde auch hier das tatsächliche Preisverhältnis zweier zum Vergleich herangezogener Isolierungen nicht vollständig in Erscheinung treten lassen.

c) Gerüstkosten.

Die Kosten für den Aufbau und das erforderliche Material der Gerüste werden wohl allgemein aus einer Vergleichsrechnung herausgelassen; in gewisser Hinsicht auch mit Recht, weil die Gerüstkosten unabhängig von der Isolierstärke sind. Jedoch kann unter gewissen Umständen auch hier ein die Genauigkeit beeinträchtigender Fehler eintreten, wenn die Zeitdauer, während der das Gerüst gebraucht wird, bei den zum Vergleich herangezogenen Angeboten verschieden groß ist. Z. B. können Trocken-

57

stopfisolierungen sofort nach Einbringen der Füllung in die
Stützkonstruktion mit einer abdichtenden Umkleidung versehen werden, während bei den Naßverfahren (plastische
Masse, Steine und Schalen mit Unter- oder Überstrich-
masse), wenn richtig verfahren wird, die äußere Umkleidung
erst nach völligem Austrocknen aufgebracht werden kann.
Im zweiten Falle muß das Gerüst länger stehenbleiben;
wenn man, um bei einem gegebenen Objekt mit möglichst
wenig Gerüstmaterial auszukommen, das Gerüst während
der Montage der Isolierung streckenweise vorbaut, braucht
man dann mehr Gerüstmaterial, wodurch die Gerüstkosten
für solche Wärmeschutzverfahren erhöht werden.

d) Äußere Umkleidung der Isolierung.

Häufig wird in größeren industriellen Werken die äußere
Abkleidung von Isolierungen aus der Vergebung von
Wärmeschutzanlagen herausgelassen, weil sie entweder aus
Gründen der Einheitlichkeit oder der Anpassung an die
besonderen Bedingungen des Betriebes durch eigene Kräfte
nach einem bestimmten Verfahren ausgeführt wird. In
solchen Fällen ist es notwendig, die Kosten dieser Umkleidung in den Vergleich mit einzubeziehen, damit die Preisunterschiede zwischen den einzelnen Isolierungen vollständig erfaßt werden. Eine Isolierung mit niedriger Wärmeleitzahl hat wegen ihrer kleineren Oberfläche niedrigere
Kosten für die Umkleidung als ein Material mit höherer
Leitfähigkeit, dessen Isolierstärke größer sein muß, so daß
bei Vernachlässigung dieser Kosten der wirtschaftliche Vorteil des Materials mit der geringeren Wärmeleitzahl nicht
voll in Erscheinung treten kann. Der Fehler bei der Ermittlung der Preisunterschiede ist besonders groß bei kleinen
Isolierstärken und an sich geringen Anlagekosten. Nimmt
man z. B. an, daß die Preise des Zahlenbeispiels auf Seite 10
ohne die äußere Umkleidung gelten, und sind die Kosten

58

dafür 2 RM. für 1 m² (Bandage und Pappe), so betragen,
wenn man von dem Einfluß auf die wirtschaftlichste Isolierstärke absieht, die Gesamtjahreskosten einschließlich der
äußeren Umkleidung bei Angebot 1, $\lambda = 0{,}06$, für 70 mm
Isolierstärke 17.60 RM. pro 1 m ($= 100\,\%$), bei Angebot 2,
$\lambda = 0{,}10$, bei 110 mm Isolierstärke 18.60 RM. pro 1 m
($= 106{,}3\,\%$); durch Berücksichtigung der Kosten für die
äußere Umkleidung ist das Angebot 2, $\lambda = 0{,}10$, um rund
1 % teurer geworden. Der Preisunterschied ist bei diesem
Beispiel verhältnismäßig gering, jedoch können sich, z. B.
bei kleinen Rohrdurchmessern, kleinen Isolierstärken und
niedrigen Anlagekosten, bedeutend größere Unterschiede
ergeben.

e) Unterhaltungskosten.

Die Unterhaltungskosten werden wohl in den meisten
in der Praxis durchgeführten Vergleichsberechnungen vollkommen vernachlässigt. Der Grund dafür ist darin zu
suchen, daß diese Kosten von Faktoren abhängen, die selbst
die größten Unsicherheiten einschließen, und, wie es für
einen Vergleich notwendig wäre, im Voraus nicht genau
genug bekannt sind.

Unterhaltungskosten entstehen da, wo die theoretisch
vorausgesetzte Haltbarkeit eines Wärmeschutzes den wirklichen betrieblichen Beanspruchungen nicht gewachsen ist.
In erster Linie kommen Druck- und Schlagbeanspruchung
in Frage; aber auch andere physikalische und chemische
Einflüsse können unter bestimmten Betriebsverhältnissen
mitwirken, wobei nicht nur die äußere Hülle beschädigt
wird, sondern auch in der inneren Struktur des Wärmeschutzstoffes grundlegende schädliche Veränderungen herbeigeführt werden können, die zu einer Erhöhung der
Wärmeleitfähigkeit führen. Die Unterhaltungskosten hängen

deshelb mit der Frage der Garantierbarkeit einer unveränderlichen Wärmeleitzahl zusammen, weshalb ihre Bedeutung nicht genügend stark hervorgehoben werden kann.

Aber auch selbst wenn man von diesen weitgehenden Auswirkungen einer geringen Haltbarkeit absieht, und lediglich den Fall heranzieht, daß die äußere Hülle schadhaft werden und Unterhaltungskosten verursachen kann, kann dadurch das Ergebnis eines Vergleichs in erheblicher Weise beeinflußt werden.

Handelt es sich z. B. um zwei Trockenstopfisolierungen mit den Preisen und Wärmeleitzahlen nach dem Angebot1, $\lambda = 0{,}06$, also völlig gleichwertige Isolierungen, die eine jedoch mit einem wetterbeständigen Hartmantel aus Mörtelstoffen, der keine Unterhaltungskosten verursacht, die andere mit einem Blechmantel versehen, dessen Schutzanstrich wegen der Rostgefahr jährlich zweimal — in chemischen Fabriken ist dies häufig der Fall — erneuert werden muß, so würden diese Unterhaltungskosten, wenn der einmalige Anstrich 0.75 RM. für 1 m² kostet, nach dem Zahlenbeispiel auf Seite 10/13 die Gesamtjahrskosten von 16.70 RM. für 1 m auf 18.48 RM., also um 10 % erhöhen.

Bei diesem Beispiel war die Amortisations- und Verzinsungsquote 40 %; der Einfluß der Unterhaltungskosten ist bei kleinerer Tilgungsquote noch erheblicher, bei 30 % erhöht er, nach der Zahlentafel auf Seite 16 gerechnet, die Gesamtjahreskosten um 12 %, bei einer Quote von 20 % sogar um 16 %.

Man erkennt daraus, daß Vernachlässigungen von später notwendigen Unterhaltungskosten sich außerordentlich stark auswirken können, und daß diese von vorneherein nur dem Erfahrenen und Sachkundigen bekannten Faktoren in die Genauigkeit der ganzen Vergleichsberechnung eine Unsicherheit hineintragen, die geeignet ist, das Ergebnis eines solchen Vergleichs von Grund auf in Frage zu stellen.

Fehlen zahlenmäßige Erfahrungswerte über die Höhe der Unterhaltungskosten, so wird man gut tun, sich unter Beachtung der konstruktiven Besonderheiten der einzelnen Verfahren zu überlegen, welche Isolierung voraussichtlich höhere Unterhaltungskosten ergeben wird, und welche eine größere Gewähr für Haltbarkeit bietet.

Zusammenfassende Schlußbetrachtung.

Die vorstehenden Untersuchungen hatten den Zweck, die Methoden, nach denen man heute in der Industrie die Berechnung von Wärmeschutzanlagen vornimmt und durch Vergleich die Vorteile und Nachteile der verschiedenen Wärmeschutzverfahren zu erkennen bestrebt ist, einer kritischen Betrachtung zu unterziehen.

Es konnten dabei zwei hauptsächliche Gesichtspunkte hervorgehoben werden, von denen aus diese Entscheidungen getroffen werden, je nachdem, ob die reine Wirtschaftlichkeit oder die technische Leistung bei Lösung der dem Wärmeschutz zufallenden Aufgabe vorangestellt werden müssen.

Dank der Fortschritte in der Erkenntnis von dem Vorgang der Wärmeübertragung können vom rein wissenschaftlichen Standpunkt erfolgende Berechnungen und Vergleiche von Wärmeschutzanlagen mit einer Genauigkeit durchgeführt werden, wie sie in vielen anderen Zweigen der Technik nicht größer zu sein pflegt.

Aber schon die wirtschaftlichen Momente, die die Ergebnisse der Berechnungen wesentlich beeinflussen können, bringen gegenüber der scharfen Erfassung der wissenschaftlichen Zusammenhänge eine sehr erheblich erscheinende Ungenauigkeit hinein, um so mehr, wenn es sich um den Vergleich von Verfahren handelt, deren technische Effekte keine sehr großen Unterschiede aufweisen. Ganz besonders gilt dies von der Bemessung des Kapitaldienstes für die aufzuwendenden Anlagekosten, im engeren Sinne des Zeitraumes, in dem diese Kosten getilgt werden sollen. Es konnte dabei gezeigt werden, daß die durch Fortschritte moderner Verfahren erzielbaren Ersparnisse nur dann vollständig in Erscheinung treten, wenn die in die Berechnung einbezogenen wirtschaftlichen Momente der erhöhten technischen Leistung angepaßt werden.

Man muß sich nicht nur darüber klar sein, welche Leistung man bei einem Wärmeschutz als gegeben voraussetzt, sondern auch wie lange der einmal erreichte Effekt unveränderlich fortbestehen muß, wenn die wirtschaftliche Grundlage bei der Durchführung einer Vergleichsberechnung richtig sein soll. Die Anlagekosten eines minderwertigen Materials, das schon nach kurzer Zeit unter den Beanspruchungen des Betriebes zerstört wird, kann man nicht unter dem Gesichtspunkt einer länger als die Lebensdauer währenden Amortisationszeit beurteilen; und umgekehrt, die wirklichen, mit einem hochwertigen und dauerhaften Wärmeschutz erreichbaren Ersparnisse wird man nicht erkennen können, wenn man glaubt, die vielleicht höheren Anlagekosten in gleicher Weise tilgen zu müssen, wie es, zeitlich eng begrenzt, bei einem Material von geringer Lebensdauer von vorneherein vorgeschrieben ist. Der maximal erreichbare Effekt eines auf Dauer berechneten Wärmeschutzes tritt erst dann ein, wenn man die Tilgung der Anlagekosten auf den ganzen Zeitraum der Lebensdauer verteilt.

Der wärmeschutztechnische Effekt beruht, wenn er dauernd vorhanden sein soll, nicht nur auf der einmal erreichten Wärmeleitfähigkeit, sondern auch auf der Haltbarkeit und dauernden Zuverlässigkeit des konstruktiven Verfahrens und der verwendeten Grundstoffe. Nur wo diese Voraussetzungen erfüllt sind, kann die Materialkonstante

62

der in die Vergleichsrechnung eingebrachten Wärmeleitfähigkeit als eine die Genauigkeit des Vergleichs nicht be-
einträchtigende Größe angesehen werden.

Neben sorgfältiger Abwägung aller rechnerischen Grundlagen sollte daher eine Bewertung der Gewähr für Haltbarkeit, Zuverlässigkeit und Eignung für die industrielle Praxis
nicht versäumt werden.